# 平舆县"水土联治"关键技术研究及应用

郑志宏　郭宇杰　唐　璐　著

黄河水利出版社
·郑州·

## 内 容 提 要

全书共分为8章,内容主要包括研究背景、种植业污染分析、平舆县典型农田种植现状调查、平舆县生态农业技术整合、生态农业示范工程、平舆县种植模式对浅层地下水的影响、氮肥对平舆县环境影响的模拟研究、结论与建议。

本书可供环境保护领域的技术人员阅读使用,也可供有关专业的师生和关心耕地土壤环境保护的公众参考。

**图书在版编目(CIP)数据**

平舆县"水土联治"关键技术研究及应用/郑志宏,
郭宇杰,唐璐著. —郑州:黄河水利出版社,2021. 2
ISBN 978-7-5509-2918-0

Ⅰ.①平… Ⅱ.①郑…②郭…③唐… Ⅲ.①农业污染源-
污染防治-研究-平舆县 Ⅳ.①X508. 261. 4

中国版本图书馆 CIP 数据核字(2021)第 028189 号

出 版 社:黄河水利出版社      网址:www. yrcp. com
    地址:河南省郑州市顺河路黄委会综合楼 14 层    邮政编码:450003
发行单位:黄河水利出版社
    发行部电话:0371-66026940、66020550、66028024、66022620(传真)
    E-mail:hhslcbs@ 126. com
承印单位:广东虎彩云印刷有限公司
开本:787 mm×1 092 mm   1/16
印张:11.5
字数:266 千字        印数:1—1 000
版次:2021 年 2 月第 1 版      印次:2021 年 2 月第 1 次印刷

定价:60. 00 元

# 前　言

第一次全国污染源普查公报指出我国种植业总氮流失量 159.78 万 t,总磷流失量 10.87 万 t,揭示我国农业对水体污染源的贡献。农业污染源控制得到政府和环境科研人员的广泛重视。但同时我国是人口大国,在保护环境的同时,保障农产品的产量同等重要。受河南水利投资集团有限公司委托,本书针对典型农业县域的种植业污染源和环境影响开展了调查,明确了传统农业种植模式下耕地和地下水污染现状和环境治理的迫切性,提出实施生态农业是典型农业县域水土联治的关键技术。除传统的生态农业技术保障污染源削减和农产品的质量外,为保障我国粮食安全,必须同时保障农产品的产量。本书运用卞有生先生团队提出的生态农业物质流理论,通过设计生态农田的种植-养殖结构和规模,使得氮、碳的物质流保障农田作物对氮和有机质的需求,从而取代化肥氮肥,并且改善耕地理化性质和微生物群落,减少氮、磷向水体中的流失,最终实现典型农业县域水土联治、农产品质量提高、农产品数量稳定提升三重效应。

本书第 1、4、8 章由华北水利水电大学郭宇杰撰写,第 3 章由河南水利与环境职业学院唐璐撰写,第 2、5 章由华北水利水电大学魏明华撰写,第 6、7 章由河南水利与环境职业学院郑志宏撰写。全书由郑志宏统稿。

本书在编写过程中,特别要感谢河南水利投资集团有限公司在人力、物力、财力方面的大力支持,其中鑫贞德有机农场案例一节得到了河南省鑫贞德有机农业股份有限公司的全程支持,部分数据和资料由安阳市农业科学院农业生态与环境研究所主任刘庆生提供。

农业县域的水土联治理论和技术涉及农业、环境等多个领域和学科,由于作者水平有限,失误和考虑不周之处,希望得到广大读者的批评指正,共同推动环境事业的发展,在此深表感谢!

# 目　录

# 第1章　研究背景

## 1.1　立项背景

在河南省委省政府、省水利厅、科技厅的大力支持下,河南省水利行业首个院士工作站——河南省水环境治理与生态修复院士工作站(简称"院士工作站")于2017年1月24日正式在河南水利投资集团有限公司(简称"水投集团")挂牌成立。院士工作站引进中国工程院院士王浩担任首席科学家,专注于水环境治理与生态修复工作,旨在成为集重大科技项目研发、高端科技人才培育、科技合作交流和先进成果转化于一体的高端创新平台。

《院士工作站关于开展"水土联治"的基本思路与实施计划》指出:农业面源污染是指由沉积物、农药、废料、致病菌等分散污染源引起的对地下水、湖泊、河岸、滨岸、大气等生态系统的污染。与点源污染相比,面源污染的时空范围更广,不确定性更大,成分、过程更复杂,更难以控制,可以说"点源污染易控、面源污染难防"。从河南省当前省情来看,农业面源污染已成为大部分县域水生态环境恶化、水体黑臭反复的主要因素。按照"节水优先、空间均衡、系统治理、两手发力"的治理思路,河长制的文件精神,河南省县域水环境治理与生态修复的工作宜以城镇点源污染控制在先、县域面源污染治理在后,两者流水并进,"标本"兼治,以治本为目标,真正达到县域水环境质量长效保持、水生态系统良性循环的效果。这就要求"水土联治"全面开展,但这并不是等于"治水+治土"简单的相加,而是需要同时关注"地表水-地下水-土壤"互相之间的循环耦合性,因此"水土联治"将是一个复杂的系统工程。

在当前国家及河南省政策背景下,以省环境治理需求为驱动,院士工作站依托水投集团示范项目,提出县域"水土联治"的基本思路:首先,采用多技术融合的治水理念,开展重点城镇的水系整治、水环境治理、生态修复等工作,同时通过现场调研、实地考察、取样试验及现场测试等方式,弄清主要河流及其支流的农业面源污染状况,根据污染类型、地理位置、土壤性质等划定面源污染治理区域并分级;然后,开展小试、中试,确定经济合理的治理方法,在此基础上推广应用。

在此基础上,水投集团计划在平舆县综合治理项目中,二期项目通过发展生态农业,采用综合农业-高效农业-绿色农业模式,实现"水土联治"中土中污染源的削减和治理。并指出项目在平舆县开展具有以下地域优势:

(1)农业条件。平舆县是农业大县,当地特产众多,其中以白芝麻、小磨香油最为著名,素有"中原百谷首,平舆芝麻王"之称。平舆白芝麻相传被神农氏称之为"百谷之首"。1988年平舆县被河南省人民政府定为第一个白芝麻外贸出口基地县并准许出口免检,2003年平舆白芝麻获得国家原产地域保护,2004年被省农业厅认命为"白芝麻无公害"

生产基地县。

（2）政治环境。近年来,平舆县委、县政府十分重视种植业的结构调整工作,多次召开会议,下发指导意见,提出要加快种植业结构调整步伐,提高农业效益,增加农民收入。

（3）合作环境。2016年11月,平舆县人民政府与水投集团签订框架合作协议,双方就平舆县境内涉水项目达成合作共识。

平舆县为农业大县,县域内主要农业作物为小麦和玉米,主要经济作物为芝麻、花生。经过前期调研发现,小清河的水质恶化,主要是由于农业生产具有一定关联。农业污染主要来源有两个方面:一是农村居民生活废物;二是农业生产污染源,包括农业生产过程中不合理使用而流失的农药、化肥、残留在农田中的农用薄膜和处置不当的农业畜禽粪便、恶臭气体。农业污染通过雨水及地表径流汇入过境河流,带来严重的水污染问题。结合本地产业结构,近年来平舆县委、县政府十分重视种植业的结构调整工作,多次召开会议,下发指导意见,提出要加快种植业结构调整步伐,提高农业效益,增加农民收入。生态农业是从源头上减少污染物的重要措施之一,同时提升农产品的质量,增加农民收入,获得生态环境效益和社会效益、经济效益。

水投集团适时聘请中国工程院王浩院士作为首席专家,并成立了河南省水环境治理与生态修复院士工作站,实施科技创新,寻求破解河南水问题的水利投资解决方案。

2015年国家编制了《全国农业可持续发展规划(2015—2030年)》(农计发〔2015〕145号),指出农业关乎国家食物安全、资源安全和生态安全:"防治农田污染。全面加强农业面源污染防控,科学合理使用农业投入品,提高使用效率,减少农业内源性污染""改进施肥方式,鼓励使用有机肥、生物肥料和绿肥种植""禁止秸秆露天焚烧,推进秸秆全量化利用,到2030年农业主产区农作物秸秆得到全面利用"。著名环境工程专家曲久辉院士2015年9月在《人民日报》发表文章《生态环境科技发展新趋势》,文中指出应坚持环境治理的绿色化、资源化和系统化,"以污染物去除为目标的末端治理模式转变为清洁生产、循环经济引领的资源化能源化模式,生活、工业和农业废弃物,或作为不同产业链条中的原料加以利用,或通过先进的生物、物理、化学、材料等技术转化为有用产品"。2016年5月28日国务院《关于印发土壤污染防治行动计划的通知》(国发〔2016〕31号)。2016年10月生态环境部会同农业农村部、住房和城乡建设部印发了《培育发展农业面源污染治理、农村污水垃圾处理市场主体方案》(环规财函〔2016〕195号)。2017年7月,生态环境部部长李干杰主持召开生态环境部2017年第3次部务会议,审议并原则通过《农用地土壤环境管理办法(试行)(草案)》,生态环境部、财政部、自然资源部、农业农村部、卫生计生委7月31日在北京联合召开全国土壤污染状况详查工作动员部署视频会议。研究项目主要依据还有《国家中长期科学和技术发展规划纲要(2006—2020年)》《中华人民共和国国民经济和社会发展第十三个五年规划纲要(2016—2020年)》《水利部关于加快推进水生态文明建设工作的意见》(水资源〔2013〕1号)、《河南省人民政府关于印发河南生态省建设规划纲要的通知》(豫政〔2013〕3号)、《河南省人民政府关于印发河南省国民经济和社会发展第十三个五年规划纲要的通知》(豫政〔2016〕22号)。

# 1.2　研究目标和技术路线

本书研究的总体目标为通过调研与研究,提出《平舆县"水土联治"关键技术研究与示范》,并逐步形成水投集团"水土联治"的解决方案。

根据河南省经济社会发展的需要,将水治理从以污染物去除为目标的末端治理模式转变为农业清洁生产、循环经济引领的资源化能源化模式,全面加强农业污染防控,科学合理使用农业投入品,提高使用效率,减少农业内源性污染,通过生态农业模式,遵循生态学、生态经济学规律,运用系统工程方法和现代科学技术及传统农业的有效经验,集约化经营的农业发展模式,改善土壤质量,减少地下水和地表水的污染源,区域联动和城乡治理一体化,水、土、气、生物等多介质污染协同控制,最终实现"水土联治"的目的。通过开展技术集成与应用示范,全面提升水投集团在生态文明建设方面的核心竞争力。

研究主要围绕生态农业与水环境质量改善的关系问题,研究生态农业技术集成、典型耕地土壤质量评价、水体质量评价三大方面,定性或定量评价生态农业与土壤污染物、水体(地下水、地表水)污染物之间的关系,为"水土联治"提供理论依据。

本书研究技术路线如图1-1所示。

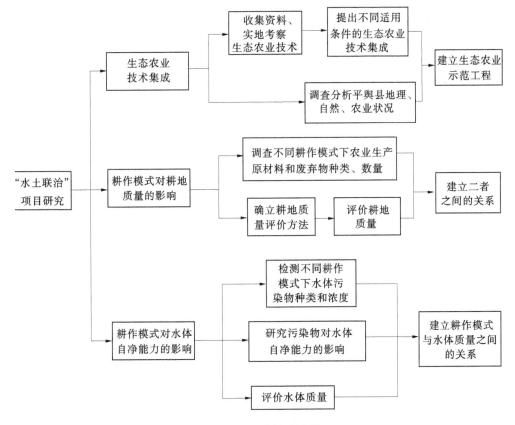

图 1-1　研究技术路线

# 第 2 章　种植业污染分析

　　农业种植污染是指在农业生产活动中,氮素和磷素等营养物质、农药,以及其他有机和无机污染物质,通过农田地表径流和渗流、挥发,形成的环境污染。由于长期大量和不合理地施用化肥、农药、除草剂、生长调节剂等农用化学物质,同时农业自身废弃物处置不当、资源化利用率低,导致农业污染不断加重。据统计,全国受"三废"和农药严重污染的耕地约占全国耕地总面积的 16%;每年因不合理施肥流失的氮超过 1 500 万 t。长期以来,由于人们对农业种植污染的污染途径和危害认识不够系统和深入,制约了中国农业种植污染防治措施的针对性和有效性。

　　根据本项目背景,主要考虑包括农业生产过程中产生的污染,如化肥污染、农药污染、废弃秸秆等农业种植所引起的农业面源污染。主要污染物有硝酸盐、亚硝酸盐、氨氮、有机磷、有机氯、化学需氧量、病原微生物、寄生虫、重金属和塑料制剂等。

　　由作物种植引起的农业污染,起因于农田中的土壤颗粒、化肥、农药、农膜及其他有机或无机污染物,以及这些污染物经过物理、化学、物理化学、生物等作用转化后的污染物,在降雨或灌溉过程中,借助农田地表径流、农田排水和地下渗流等途径而大量进入水体、土壤及大气中,造成环境污染。这些污染具有分散性和隐蔽性、随机性和不确定性、广泛性和不易监测性等特点。

## 2.1　种植业污染来源

　　农业面源污染主要来自农业生产中广泛使用的化肥、农药、农膜等,以及农作物秸秆、畜禽粪便、生活污水、生活垃圾等废弃物,其具有分散性、隐蔽性、难以监测、随机性和不确定性等特点,对我国水体、土壤和空气造成的危害日益严重。所以,农业面源污染逐渐成为制约我国现代农业和经济社会可持续发展的重大障碍,其治理工作在我国生态环境保护与治理工作中的重要性日益加强。

### 2.1.1　化肥污染

　　中国是世界上化肥用量最大的国家,但化肥利用率低。氮肥的利用率仅为 30% ~ 40%,磷肥为 10% ~ 20%,钾肥为 35% ~ 50%。大量的化肥养分通过各种途径,如径流、淋溶、挥发、吸附、硝化和反硝化等进入环境,引起环境污染。氮肥以氨或氧化亚氮物的形式挥发进入大气,导致大气污染;化肥中氮磷通过径流进入地表水中,引起水体富营养化,使水中藻类迅速生长繁殖,消耗大量的溶解氧,水体丧失应有功能;硝态氮(氨氮)通过淋溶渗入地下水,导致地下水硝酸盐含量增加,影响饮水安全。施肥过量和偏施氮肥也会改变原有土壤结构和理化特性,造成土壤板结、酸化和有机质减少,导致农产品中硝酸盐超标,影响人体健康。同时长期施用磷肥,也会导致伴生有害离子不断积累在土壤环境中,同样导致土样、地下水污染,若被作物吸收,则会危害人畜健康。

## 2.1.2　农药污染

资料表明,2009 年我国化学农药原药产量为 226.22 万 t,农药用量为 170.9 万 t,平均每公顷耕地施用农药 14 kg,每公顷农作物施用农药达 10.8 kg。如南方水稻生长季用药一般 3~4 次,有的多达 6 次以上。

大量使用合成农药,虽然部分抑制了作物病虫害的发生,但也造成了农产品品质下降、农药残留和环境污染问题,农药污染也成为中国主要的农业面源污染源之一。

(1)农药有效利用率低。据调查,喷施的农药只有 10% ~ 20% 附着在农作物上,而 80% ~ 90% 流失在土壤、水体和空气中,导致大气、水体(地表水和地下水)、土壤农药污染和生物体内农药残留。

(2)农药污染主要导致生物多样性降低、病虫害抗性增强、农产品质量安全下降,并直接威胁人类健康。与化肥相比较,由于农药的难生物降解性、类环境激素性、亲脂性等,农药污染的范围更广,持续时间更长,对生态和人体的危害更大、更持久、更隐蔽。

农药污染途径主要包括:农田作物用药随雨水或灌溉水向周边水体迁移,大气中飘逸的农药随降雨进入水体,农药使用时的雾滴或粉尘微粒随风飘逸沉降在水中,通过淋溶作用污染地下水、生物富集作用进入生态链等。

## 2.1.3　农膜污染

农膜的大量使用促进了农产品的经济效益增加,因此地膜覆盖栽培得到了迅速的发展。但在带来巨大经济效益的同时,也给环境带来了白色污染,农膜污染成为重要的农业污染源之一。农膜属于高分子聚合物,在天然环境中难以降解,不合格农膜强度差、易破损、难回收。积留在土壤中的农膜会造成的环境危害有:影响农田机械耕作;阻碍农作物根系的伸展和物质交换,易造成作物倒伏、死苗、减产;破坏土壤结构和成分;释放有害物质,在土壤中逐年积累,对生态环境造成破坏;农膜中所含的联苯酚、邻苯二甲酸酯等污染农产品,危害人畜健康。

据农业农村部调查估算,我国农膜年残留量高达 35 万 t,残膜率达到 42%。地膜残留污染较严重的上海、北京、新疆、山西、天津、陕西、黑龙江、河北和湖北等地,严重地块地膜残留量高达 90~135 kg/hm$^2$,最高达 270 kg/hm$^2$;34% 的土壤中残留地膜面积小于 5 cm$^2$。

## 2.1.4　农作物秸秆污染

中国作为一个农业大国,各类农作物秸秆资源十分丰富。据联合国环境规划署报道,世界上种植的农作物每年可提供各类秸秆约 20 亿 t,中国农作物秸秆产量为 7 亿 t 左右,列世界之首,折合标准煤 3.53 亿 t,占世界秸秆总量的 30% 左右。农作物收获后的大量秸秆资源,是一种宝贵的可再生资源,但随着我国农业生产模式的改变,农业传统的生产要素和消费对象被大量工业品所替代,农作物秸秆资源变成废弃物,成为农业垃圾。农作物秸秆一旦不采取有效的综合利用措施,将会导致环境污染:随意堆放的秸秆腐烂后产生大量腐殖质通过地表径流污染地表水;焚烧秸秆产生的 CO、$CO_2$、$SO_2$、$NO_x$、颗粒物、二噁英等污染大气。

# 2.2　种植业污染物进入环境的途径

### 2.2.1　农田养分

　　在地表水中,磷是引起水体富营养化的限制因子。当水体中 TP(总磷)>0.02 mg/L,TN(总氮)>0.5 mg/L 时,即被视为水体富营养化。但当 TN 与 TP 的浓度比值低于 4∶1 时,氮可能成为湖泊水质富营养化的限制因子。当 TP 高于 0.1 mg/L(磷为限制因子时)或 TN 高于 0.3 mg/L(N 为限制因子时)时,藻类会过量繁殖。由于作物对化肥利用率低,大量的农田氮、磷养分通过地表径流、土壤渗流、挥发沉降等途径进入水体,对水环境造成污染。据初步估计,中国农田中化肥 N 被作物吸收 35%、氨挥发 11%、表观硝化-反硝化 34%(其中 $N_2O$ 排放率为 1%)、淋溶损失 2%、径流损失 5%,以及未知部分 13%。磷肥施入土壤后,只有极少部分在土壤中呈离子态的磷酸盐才能被作物吸收,其余大部分很快与土壤组分作用:有的被吸附在土壤中带正电荷的铁、铝氧化物胶体表面;有的被土壤黏粒局部带正电荷的边缘吸附;有的与铁、铝、钙盐发生化学反应生成不溶性磷酸盐;有的与土壤中有机质结合,降低磷在土壤中的移动性。由于土壤对磷的强烈固着作用,它对作物的有效性降低,也不易被雨水、灌溉水淋溶损失,但在水土流失、土壤侵蚀严重的地区,大暴雨或漫灌会引起农田耕层土壤的大量径流流失,携带丰富的磷酸盐进入地表水体中。有研究认为,施用磷肥 5%以颗粒状扩散到大气中并最终沉降下来,土壤吸附固定 55%~75%,作物吸收 7%~15%,径流进入地表水 5%~10%,沥滤到根区以下土壤或地下水<1%。

　　(1)农田养分径流流失。

　　农田养分的地表径流损失主要发生在强降雨或深灌-大排的水稻种植区域。如纪雄辉等对洞庭湖稻田监测结果表明,洞庭湖区双季稻施用尿素的 TN 径流流失量为 7.70 $kg/hm^2$,占施氮总量的 2.7%,施肥后 20 d 内发生径流事件对双季稻田 TN 径流流失量贡献显著。卜群第等在湖北棉田采用田间原位监测的方法监测不同施氮方式棉田地表径流氮流失量,结果表明棉花在习惯施肥情况下,全年 TN 流失量为 31.83 $kg/hm^2$,约占棉花施氮量的 3.34%,其中硝态氮占 TN 的 54.02%,有机氮占 23.81%、颗粒态氮占 20.8%、氨氮仅占 1.37%左右。而对于旱田,由于缺少径流途径,难以发生直接的径流流失。

　　(2)农田养分淋失。

　　渗流淋溶是农田养分损失的重要途径之一,尤其是对于地表水系欠发达的华北平原地区。土壤和肥料中的氮、磷、有机质,在降雨和灌溉的作用下,部分通过淋溶的方式,渗流入土壤下层,进而进入地下水,当浅表地下水与地表水系贯通时,渗流的营养物质,进入地表水,造成地表水污染。因此,养分淋失影响农田土壤和水环境质量的演变,是农业面源污染的重要过程。刘宏斌等通过调查北京平原区地下水中的硝态氮,发现其主要来源于地表淋溶。过量施用氮肥是地下水硝态氮污染的主要原因。在正常施肥量下,水田系统中氮肥下移出耕层的数量较少,除在渗透性强的稻田中尿素粒深施时淋溶损失严重,一般施于稻田化肥中的氮在当季通过淋溶损失的比例很小,几乎全部是氨挥发和硝化与反硝化。纪雄辉等在为期两年模拟洞庭湖区水耕人为土的氮磷钾养分淋失试验中,发现不同水耕人为土的氮淋溶损失总量分别为 2.28%、0.66% 和 1.50%。旱作系统中冬小麦与玉米田在施肥当季淋溶损失可能不是氮损失的主要途径，但过量施肥和不当施肥导致硝酸盐在土壤中大量积累而淋失。李宗新等研究表明，山东玉米生长期内，土壤水分淋溶的主要因素是大量降水与灌溉，土壤氮素淋失以硝态氮为主，年累计淋失量为 12.90 ~ 46.53 $kg/hm^2$，氨氮的累计淋失量为 1.66 ~ 5.11 $kg/hm^2$，两种形态氮的淋失量都随施氮量的增加而升高。

华北平原地区传统施肥下氮的迁移见表 2-1。

表 2-1　华北平原地区传统施肥下氮的迁移

| 项目 | 冬小麦 | 夏玉米 |
| --- | --- | --- |
| 施肥量($kg/hm^2$) | 369 | 244 |
| 氮矿化量($kg/hm^2$) | 26 | 86 |
| 环境氮量($kg/hm^2$) | 11 | 14 |
| 氮吸收量($kg/hm^2$) | 179 | 188 |
| 氮损失量($kg/hm^2$) | 124 | 84 |
| 土壤无机氮($kg/hm^2$) | 103 | 75 |
| 回收利用率(%) | 14 | 20 |
| 农学利用率(%) | 3 | 5 |

注：本表根据王激清等数据整理。

## 2.2.2　农药

农药施用后，在各环境要素中循环、迁移，并重新分布。污染范围极大扩散，导致全球大气、水体、土壤及生物体内都含有农药及其降解产物。一般来说，喷施农药若为粉剂，施用后只有 10% 左右附着在农作物上；若为水剂或乳剂，也仅有 20% 左右附着在作物上，其中 1% ~ 4% 接触到目标害虫，其余 40% ~ 50% 降落在土壤上，5% ~ 30% 飘逸于空气中。被土壤吸附的农药一部分渗入植物体内被人或动物摄取，另一部分则主要通过挥发和径流损失污染大气和水体，造成化学农药污染。农药污染途径包括直接施药、农田用药随雨水或灌溉水向水体迁移、大气中飘逸的农药随降雨进入水体土壤、农药施用时的雾滴或粉尘微粒随风漂移沉降在水体土壤中等。这些地表水或农田中的农药又可在灌溉或降雨驱动下通过淋溶作用污染地下水。农药污染途径与农药的性质、用量、施用方法及用药时的降雨量、降雨时间、温度、风速、土壤性质、地形等因素有关。

## 2.2.3　废弃秸秆

大量秸秆在田间焚烧时，会产生大量浓烟和有毒气体，污染大气。未经有效利用的秸秆直接还田，既影响下茬作物根系的生长，又破坏土壤的生态结构。随意丢弃的作物秸秆，腐烂时导致碳氮磷进入土壤和水体，造成土壤和水体污染。

### 2.2.4 农膜残留

随着农业集约化生产,地膜栽培已从最初的早稻、蔬菜、花生、棉花等作物的播种育苗,发展到多种农作物、食用菌、园林育苗等多个领域。根据中国种植业信息网的统计数据,2009 年中国地膜用量为 112.8 万 t,地膜覆盖面积为 1 550 万 $hm^2$。

地膜的国家标准厚度为 0.012 mm,不得低于 0.008 mm。美国一般为 0.02 mm,日本为 0.015 mm。中国在 20 世纪 80 年代初期的地膜厚度为 0.014 mm。目前,生产商为了减少生产成本、获得更大的经济效益,实际生产和销售的地膜厚度在 0.005~0.006 mm,甚至更薄,导致地膜强度低,易老化破碎,回收困难,回收率不足 15%。由于残膜回收价格低,不能调动农民的积极性。经调查,约 1/3 的农户根本不清除残膜,其他残膜是人工手捡方式,残膜率高达 35%~50%。地膜残留造成产地土壤环境污染。

## 2.3 种植业污染对环境的影响

### 2.3.1 种植业污染对水环境质量的影响

#### 2.3.1.1 肥料

20 世纪 80 年代以来,由于化肥用量的迅猛增长,氮和磷发生量在中国重要流域平均增加了 10 倍和 12 倍,折合每公顷耕地平均发生量达 552 kg 和 243 kg。同时,来自农田、畜禽排放和农村生活排污的氮磷总量比例,也由 20 世纪 60 年代的 1:4:5 和 1:5:4 演变为目前的 7:2:1 和 6:3:1(见表 2-2)。农田化肥养分流失已经成为水体污染的首要原因。

表 2-2　中国重要流域农村氮磷污染源变化　　　　　(单位:$kg/hm^2$)

| 来源 | 20 世纪 60 年代 | | 20 世纪 80 年代 | | 21 世纪 00 年代 | |
|---|---|---|---|---|---|---|
| | N | $P_2O_5$ | N | $P_2O_5$ | N | $P_2O_5$ |
| 肥 | 5 | 1 | 135 | 22 | 368 | 154 |
| 畜禽粪便 | 19 | 11 | 101 | 56 | 128 | 74 |
| 农村生活排污 | 29 | 8 | 49 | 13 | 56 | 15 |
| 总养分量 | 53 | 20 | 285 | 91 | 552 | 243 |
| 化肥:畜禽粪便:农村生活排污 | 1:4:5 | 1:5:4 | 5:4:2 | 2:6:2 | 7:2:1 | 6:3:1 |

**注:**本表数据来自张维理等。数据为对滇池、五大湖泊、白洋淀、南四湖、异龙湖和三峡库区的汇总结果。

化肥氮的去向包括作物吸收、土壤残留、挥发、淋脱、入渗等方面。以平均施用化肥 141 $kg/hm^2$(以氮计)为例,土壤地上部分对肥料氮的回收率为 26%~50%,肥料氮的损失率为 4%~38%,土壤残留 3%~42%。肥料中磷流失的主要途径是地表径流。在美国,氮素流失造成的损失达每年 10 亿美元。美国对 Polomoc 河口湾的氮磷来源调查发现,31% 的氮磷来自农业径流。

肥料对地表水污染的核心问题是水体的氮磷引起的富营养化。根据中国生态环境部调查,在太湖、巢湖、滇池、三峡库区等流域的调查发现,工业废水对 TN、TP 的贡献率仅占 10%~16%,农田氮和磷的流失是水体富营养化的主要原因。

中国主要湖泊、水系和近海海域在面临富营养化的同时,农业集约化程度高的地区,也面临着严重的地下水硝酸盐污染问题。中国农业科学院在北京、山东、陕西、河北、天津等地的 20 个县 600 多个点位的抽样调查显示,在北方集约化的高肥用量地,20% 地下水硝酸盐含量超过 89 mg/L(中国饮用水硝酸盐含量限量标准),45% 地下水硝酸盐含量超过 50 mg/L(主要发达国家饮用水硝酸盐含量限量标准),个别地点硝酸盐含量超过 500 mg/L。江苏、云南、山西等地也报道在高化肥用量区存在地下水硝态氮超标。

### 2.3.1.2 农药

根据 1998~2000 年的统计数据分析,全国农药使用水平为 12.7 kg/hm² (有效成分)。2000 年我国有机磷杀虫剂占农药总用量的 39.4%、占杀虫剂总用量的 70.5%。在江苏、江西及河北地下水中已经发现有六六六、阿特拉津、乙草胺、杀虫双等农药残留。

农田农药污染水体的途径主要有:①农田施药随雨水或灌溉水向水体的迁移;②农药使用过程中的雾滴或粉尘微粒随风漂移沉降进入水体;③施药工具和器械的清洗等。由于大气传输作用,目前地球上的地表水都已不同程度地遭受农药污染。不同水体遭受农药污染程度的大小顺序为:农田水>田沟水>塘水>浅层地下水>河流水>湖泊水>自来水>深层地下水>海水。

水体受到农药污染后,由于有些农药为环境激素类物质,会不同程度地毒害水中生物的繁殖和生长,如影响水生动物的雌雄比例、雄性发育畸形等。经过生物富集,人类食用这些富集了农药的水产品,也会影响健康和繁殖。另外,有机磷农药在水体中的残留也是形成水体富营养化的一个重要因素。如美国得克萨斯州某水域的藻类,就是草甘膦除草剂引起的,其造成的水体富养化见图 2-1。

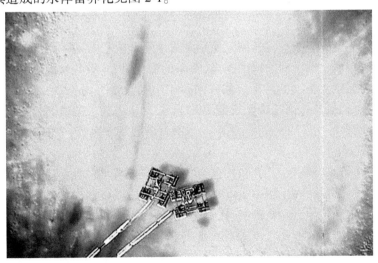

**图 2-1　美国得克萨斯州除草剂造成的水体富营养化**

#### 2.3.1.3　秸秆

秸秆对水环境的影响,主要是不当堆积腐烂后,在雨水的冲刷下进入地表水,造成水体有机污染超标。

### 2.3.2　种植业污染对土壤环境质量的影响

#### 2.3.2.1　肥料

中国农业生产中的氮肥主要有尿素、硝酸铵、碳酸氢铵、氯化铵、硫酸铵等。氮肥的生产原料单一,含杂质少,成品纯度高,重金属含量少,基本不给农产品和土壤环境带来有机污染和重金属污染。

长期施用氮肥,土壤中都会形成硝酸盐,导致土壤理化性质恶化和土壤酸化,促使土壤中一些有毒有害污染物的释放和增加,同时其在土壤中分解和转化产物对土壤和农产品也会产生危害。资料表明,食品中硝酸盐含量与氮素化肥的施用量呈正相关。硝态氮可随灌溉水渗流进入地下水中,导致地下水硝态氮含量超标。地下水中过量硝态氮加速了耕地土壤盐渍化和次生盐渍化的发生。

土壤碳损失和过量使用氮肥的耦合作用,也引发土壤-植物系统链的一系列问题。中国为增加农作物产量而长期施用氮素化肥,忽视有机肥施用,加速了土壤有机质的矿化与损失,恶化了土壤的理化性状,造成土壤板结、酸化,特别是长期施用酸性氮肥,已使中国局部地区如广州、皖南、贵州、赣南等地 10 年内土壤 pH 下降 0.4~1.0(见表 2-3)。

表 2-3　1981 年与 2001 年红壤 pH 监测结果

| 年份 | 样本量 | 平均值 | 标准差 | 最小值 | 最大值 | 变异系数 | 偏度 | 峰度 |
|------|--------|--------|--------|--------|--------|----------|------|------|
| 1981 | 42 | 5.95 | 0.528 | 5.00 | 7.40 | 8.9 | 0.889 | 0.615 |
| 2001 | 38 | 5.01 | 0.618 | 4.41 | 7.96 | 12.3 | 3.334 | 13.963 |

近年来,世界上一些农业发达国家使用高浓度复合磷肥 15 年后发现,土壤出现变质、板结、贫瘠化等现象。磷肥对土壤的污染,除磷的富集外,主要是磷矿石中伴生的铬、镉、汞、砷、铅、氟等元素对土壤的污染。如我国磷矿中镉含量平均为 0.98 mg/kg,过磷酸钙含镉平均为 0.75 mg/kg,钙镁磷肥含镉平均为 0.11 mg/kg。美国的过磷酸钙含镉 86~114 mg/kg,磷铵含镉 7.5~156 mg/kg,商品二级过磷酸钙含镉约 91 mg/kg。

#### 2.3.2.2　农膜

农膜使用在带来经济效益的同时,也给农田土壤带来了白色污染。农膜属于化学合成的有机高分子聚合物,在土壤中难以降解。长期残留在土壤中的农膜,破坏耕层结构,影响土壤通气、水肥传导、容重、密度、孔隙度和含水率等,如土壤容重和密度随土壤中残膜量增加而增加,而孔隙度和含水率则随残膜量增加而减少。农膜中所含的联苯酚和邻苯二甲酸酯等通过土壤污染农产品,进而危害人畜健康。表 2-4 为农业残膜对土壤物理性质的影响。

表 2-4　农业残膜对土壤物理性质的影响

| 残膜量(kg) | 含水率(%) | 容重(g/cm$^3$) | 密度(g/cm$^3$) | 孔隙度(%) |
|---|---|---|---|---|
| 0.5 | 19.9 | 1.14 | 2.53 | 55.8 |
| 11 | 18.9 | 1.18 | 2.56 | 54.3 |
| 15 | 18.4 | 1.21 | 2.59 | 53.7 |

## 2.3.3　种植业污染对大气环境质量的影响

### 2.3.3.1　肥料

氮的硝化和反硝化作用,以及氮肥的挥发作用,使得氮肥以 $NO_x$ 或 $NH_3$ 的形式进入大气环境,占氮肥总量的 20% 左右。据报道,1900 年以来,$N_2O$ 的浓度从 $275×10^{-9}$ mL/L 上升到了 $314×10^{-9}$ mL/L,且正以每年 $0.7×10^{-9}$ mL/L 容积比的速度增加,其中农业贡献占总量的 65%~80%。在中国,2000 年农业源的 $N_2O$ 排放量为 80 万 t,占我国 $N_2O$ 排放总量的 90% 以上。

### 2.3.3.2　农药

农药对大气的污染主要来源于喷洒农药所形成的漂浮物,大部分将沉积于作物或土壤表面,还有相当一部分通过扩散分布于周围的大气环境中。这些漂浮物或被大气中的飘尘所吸附,或以气体和气溶胶的状态悬浮于空气中。大气中的农药微粒将随大气的运动而扩散。农药在各环境要素中循环,并重新分布,污染范围极大扩散。如在南北极及西藏高原的喜马拉雅山等从未使用过农药的地区,在当地环境和环境生物体中,均检测到微量农药残留。农药对大气环境的污染程度与范围,主要取决于农药的性质、施用量、施药方法及施药时的气象条件(风速、风向、温度、湿度等)。通常大气中的农药含量在 $10^{-12}$ g/kg 数量级以下。

### 2.3.3.3　秸秆

2000 年我国秸秆资源总量达 $5.541×10^8$ t,总养分为 $1.633×10^7$ t。高祥照等根据秸秆资源的利用方式分为肥料、饲料、燃料、原料、焚烧、弃置乱堆等进行统计,如表 2-5 所示。

表 2-5　全国秸秆利用方式情况　　　　　　　　(%)

| 作物 | 肥料 | 饲料 | 燃料 | 原料 | 焚烧 | 弃置乱堆 |
|---|---|---|---|---|---|---|
| 小麦 | 40.2 | 14.3 | 20.3 | 8.3 | 9.0 | 7.9 |
| 玉米 | 32.2 | 27.1 | 24.7 | 1.8 | 5.4 | 8.9 |
| 水稻 | 41.7 | 16.2 | 25.5 | 5.6 | 7.8 | 3.1 |
| 杂粮 | 11.5 | 67.8 | 10.5 | 2.8 | 1.0 | 6.4 |
| 油菜 | 34.1 | 20.4 | 26.6 | 1.0 | 12.5 | 5.4 |
| 棉花 | 16.0 | 15.5 | 56.6 | 4.4 | 2.3 | 5.3 |
| 花生 | 26.0 | 41.5 | 23.0 | 1.0 | 0.7 | 7.7 |
| 豆类 | 16.8 | 34.4 | 41.6 | 1.2 | 1.9 | 4.1 |
| 其他 | 47.6 | 27.5 | 14.6 | 1.1 | 3.7 | 5.5 |
| 平均 | 29.6 | 29.4 | 27.0 | 3.0 | 4.9 | 6.0 |

结果表明,中国秸秆利用中,以肥料(包括直接还田)利用方式为主,占秸秆资源的29.6%;原料、焚烧和弃置乱堆共占13.9%,其中焚烧比例较大的秸秆有油菜、小麦、玉米和水稻,在5%以上。不同作物的秸秆利用方式差异较大。从整体的利用方式来看,中国秸秆焚烧比例不大,但焚烧秸秆的现象在部分地区经常发生,秸秆焚烧既浪费资源又污染环境,同时产生的烟雾对人体健康产生威胁,空气能见度降低影响交通安全。

### 2.3.4 种植业污染对土壤微生物的影响

土壤微生物在作物养分供给、肥料利用、有害生物综合防治及土壤培肥中起着举足轻重的作用。土壤的管理方式包括农药的应用、施肥、耕作方式等人为影响因素,通过改变土壤的理化性质或直接毒性而影响微生物的生长和繁殖。微生物类群主要包括微生物数量、群落结构、群落的物种的多样性。微生物生命活动过程中,向土壤分泌大量胞外酶,死亡后胞内酶也释放到土壤中。因此,土壤微生物的组成和土壤酶活性可以作为土壤质量的重要指标。

#### 2.3.4.1 肥料

根际微生物组成以细菌为主,放线菌次之,真菌最少。细菌对氮肥反应敏感,随着氮肥浓度的增加,细菌数量下降。而有机肥可以增加根系分泌物及细菌和真菌的数量和种类。长期单施化肥,不但会改变农田土壤的物理和化学性质,还会改变土壤生物或微生物种群结构和生化性能。土壤固氮菌、氨化细菌、纤维素分解菌、反硝化细菌数量降低,而硝化细菌数量增高。土壤中细菌群落的丰富度和均匀度减少,微生物群落功能多样性指数及利用碳源能力降低。高浓度氮肥降低根际微生物数量和有益微生物数量,减少微生物活性和微生物多样性;速效磷的积累影响微生物活动,降低微生物活性。

#### 2.3.4.2 农药

农药施用后,大部分降落到土壤里。农药污染会破坏土壤功能,影响土壤微生物系统的稳定,进而威胁土壤微生物的多样性。一些持久性毒物毒剂会对土壤中多种微生物产生毒害,抑制土壤中微生物酶的活性,或杀死或影响其繁殖、代谢等行为,从而影响到土壤质量。有关研究发现,甲胺磷对土壤脱氢酶和三种磷酸酶的活性均有不同程度的抑制;三氯乙醛污染的土壤对小麦种子萌发有明显的抑制作用,当浓度为 2 mg/L 时,发芽抑制率达到 30%。

不同品种的农药对土壤微生物的影响不同。农药对土壤微生物多样性的影响,表现有直接或间接的、抑制或促进的、暂时或持久的多种类型。土壤经不同浓度的甲胺磷处理,细菌、放线菌和固氮菌的生长均受到不同程度的抑制。磺酰脲类除草剂可以抑制某些微生物体内乙酰乳酸合成酶的活性。高浓度的溴苯腈抑制细菌和放线菌的活性,并且降低真菌的数量,抑制土壤纤维素酶的活性。土壤中结合态甲磺隆残留物对土壤细菌、真菌具有明显的刺激作用,而对放线菌有强烈的抑制作用。苯噻草胺能促使好氧菌数量增加,而不利于真菌、放线菌的生长。杀菌剂、杀真菌剂和熏蒸剂等可以直接杀灭微生物,剧烈改变微生物在土壤中的平衡,即使较低浓度也能引起微生物群落的明显变化,如施用甲基溴,土壤熏蒸剂3-溴丙炔、1,3-二氯丙烷和威百亩等都可以降低微生物群落的多样性。

农药污染会引起土壤微生物 DNA 序列发生变化,从而影响土壤微生物的遗传多样性。除草剂地乐消酚可以减少土壤微生物的生物量,抑制微生物碳源代谢途径,促进氮的矿化,降低微生物的遗传多样性。长期施用苯基脲类除草剂如敌草隆和利谷隆等的果园土壤中,均发现种群功能多样性和遗传多样性受到明显影响。杀菌剂泰乐菌素污染的土壤中,变性聚丙烯酰胺凝胶分析发现微生物遗传多样性发生了明显的改变。

#### 2.3.4.3　地膜和焚烧

地膜覆盖能降低土壤微生物多样性指数,改变土壤微生物群落的整体结构。于树等研究表明,地膜覆盖玉米使土壤微生物群落发生了变化,尽管土壤施肥处理不同,但覆膜后土壤微生物群落在结构上有一致化的发展趋势。

秸秆焚烧导致土壤或植物根际微生物减少。霍宪起通过比较焚烧和未焚烧玉米秸秆土壤的微生物,发现幼苗根际各种菌类数量受焚烧的影响非常明显,无论细菌、放线菌还是真菌,在焚烧过的土壤中的玉米幼苗单位根菌数量都少于未曾焚烧过的土壤。

# 2.4　国内外农业污染现状

中国国家环保局在太湖、巢湖、滇池、三峡库区等流域的调查发现,工业废水对总氮、总磷的贡献率仅占 10%～16%,而生活污水和农田的氮磷流失是水体富营养化的主要原因。2010 年发布的《第一次全国污染源普查公报》显示,统计的污染源废水中主要污染物排放总量:化学需氧量 3 028.96 万 t,氨氮 172.91 万 t,石油类 78.21 万 t,重金属(镉、铬、砷、汞、铅)0.09 万 t,总磷 42.32 万 t,总氮 472.89 万 t。而来自农业源(不包括典型地区巢湖、太湖、滇池和三峡库区 4 个流域)的主要水污染物排放(流失)量占排放总量的比例分别为:化学需氧量 43.7%,总氮 56.8%,总磷 67.3%。其中,种植业总氮流失量 159.78万 t(地表径流流失量 32.01 万 t,地下淋溶流失量 20.74 万 t,基础流失量 107.03 万 t),总磷流失量 10.87 万 t,分别占农业污染源的 59.1% 和 38.2%。另外,铜锌排放总量分别为2 452.09 t 和 4 862.58 t。

2011～2014 年,《中国环境状况公报》显示农业源化学需氧量与氨氮排放量如表 2-6所示。

表 2-6　2011~2014 年农业源化学需氧量与氨氮排放量　　　　(单位:万 t)

| 年度 | 化学需氧量 | | 氨氮 | |
|------|-----------|----------|--------|----------|
| | 排放总量 | 农业源 | 排放总量 | 农业源 |
| 2011 | 2 499.9 | 1 186.1 | 260.4 | 82.6 |
| 2012 | 2 423.7 | 1 153.8 | 253.6 | 80.6 |
| 2013 | 2 352.7 | 1 125.7 | 245.7 | 77.9 |
| 2014 | 2 294.6 | 1 102.4 | 238.5 | 75.5 |

数据表明,水体污染与农业源污染密不可分,减少进入水体的农业源污染物种类和数量,是保障或改善水体质量的重要手段之一。

资料表明,世界范围内,农业污染对环境的危害已经威胁到生态和饮用水的安全。徐雄、王子健等针对我国重点流域水体,在 27 个采样点地表水样中一共检出 9 种农药,包括 α-六六六、α-氯丹、γ-氯丹、西玛津、阿特拉津、乙草胺、扑草净、敌敌畏和噁草酮,具有潜在生态风险。据德国新闻 2017 年 8 月 7 日报道,由于德国地下水硝酸盐污染加剧,水资源处理难度加大、成本提高,致使自来水价格大幅上涨,部分地区涨幅甚至达到 62%。农业施肥是主要污染原因,多年矿物肥料和粪水直接排放到土地上使地下水遭到严重污染。同时,德国政府发布的调查报告显示,德国境内约 1/3 监测点的硝酸盐含量超标,几乎所有监测点硝酸盐指标都在近几年内存在不同程度的上升。

20 世纪 60 年代的《寂静的春天》已经揭露了农药对环境的严重影响。据美国国家环保局的科学家 Stuart Cohen 1956 年 3 月 17 日公布的结果可知,美国在 23 个州的地下水中已检出 17 种农药,其最高浓度达 $700 \times 10^{-3} \mu g/mL$。全球范围内,公认农业污染源是水体污染中最大的问题之一。特别是随着对点源污染控制的逐步加强,在水体污染中农业面源污染所占的比重不断增加。美国环保局 2003 年的调查结果显示,农业面源污染是美国河流和湖泊污染的第一大污染源,导致约 40% 的河流和湖泊水体水质不合格,是河口污染的第三大污染源,是造成地下水污染和湿地退化的主要因素。在欧洲国家,农业面源污染同样是造成水体,特别是地下水硝酸盐污染的首要来源,也是造成地表水中磷富集的最主要原因,由农业面源排放的磷占地表水污染总负荷的 24%~71%。例如,在瑞典,农业输出的氮占流域总输入量的 60%~87%;爱尔兰大多数富营养化的湖泊流域内并没有明显的点源污染;芬兰境内 20% 的湖泊水质恶化,而农业面源排放的磷素和氮素占总排放量的 50% 以上。

# 第 3 章　平舆县典型农田种植现状调查

## 3.1　概　况

平舆县地处河南省东南部,位于北纬 32°44′~33°10′、东经 114°24′~114°55′。县境位于河南省驻马店市东部,距驻马店市区约 60 km,东与新蔡县、安徽省临泉县接壤,北与项城市、上蔡县毗邻,南与正阳县相望,西与汝南县相邻,平舆县总面积 1 282 km²。平舆县位置见图 3-1。小清河自西北向东南穿越平舆县城区,是洪河的一大支流,属淮河流域,流域面积 300 km²,河流长度 39.7 km。根据 2016 年中国环境状况公报显示,淮河主要支流为轻度污染。101 个水质断面中,无 Ⅰ 类,Ⅱ 类占 9.9%,Ⅲ 类占 35.6%,Ⅳ 类占 28.7%,Ⅴ 类占 18.8%,劣 Ⅴ 类占 6.9%。小清河水质黑臭恶化,生态环境退化。环保部实时监控数据也表明,洪河的高锰酸盐指数已达 Ⅴ 类标准。

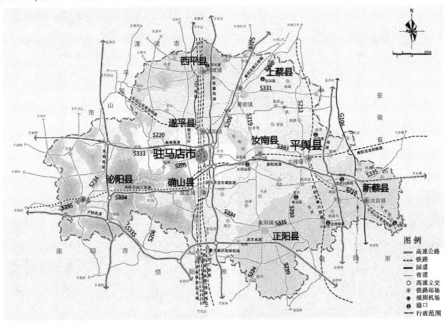

图 3-1　平舆县位置

## 3.2　典型农田耕作模式投入物质调查

结合本书项目需要和平舆县农业特点,选取了典型农业种植区域进行水土取样调查。位于平舆县东皇街道办事处大王寨村的蓝天芝麻小镇,占地 8 000 亩(1 亩 = 1/15 hm²,全书同），以白芝麻产业发展为特色、以美丽乡村建设为载体，以实现农村生产生活生态"三生同步"，为目标的省、市、县重点农业项目，是平舆县最具特色的白芝麻种植加工产地，是典型的白芝麻种植示范农田。

西洋店镇是一个典型的平原农业大镇，又属我国黄淮农业经济开发区。粮食作物以小麦、玉米为主，年产量可达 0.65 亿 kg，经济作物以花生、芝麻、烟叶、大豆为主，尤以优质花生为最，年产量可达 3 000 万 kg，素有"花生之乡"的美誉，是典型的花生种植示范农田。下面选取了 4 种典型试验田进行分析：

（1）典型的芝麻种植基地蓝天芝麻小镇，种植结构为芝麻–小麦–玉米。图 3-2 为芝麻小镇种植基地取样点照片。

（2）典型的花生种植基地西洋店西洋潭村，种植结构为花生–小麦，选取表层 0～20 cm 土壤进行污染状况和土壤质量检测，图 3-3 为花生种植农田取样点照片。

图 3-2　芝麻种植基地

图 3-3　花生种植区域（西洋店西洋潭村）

（3）水投集团的试验田，其为已经采用 ETS 微生物肥种植一年的小麦耕地，图 3-4 为水投集团试验田照片。

（4）天水湖闲置半年的耕地，图 3-5 为天水湖闲置耕地农田照片。

图 3-4　水投集团试验田

图 3-5　天水湖闲置耕地农田

分别对其进行纵向土质取样分析，研究二者的土壤质量，同时进行试验研究，考察其对于不同形态的氮肥的拦截能力，预测该土质下，氮肥施用后对地下水水质的影响和土壤的氮素环境容量。同时对地下水进行采样分析，进行不同种植模式的地下水质量对比。

项目组在水投集团的组织下，选取了平舆县典型种植模式，实地调研了蓝天芝麻小镇和西洋店种植过程中施用的农药和化肥种类及用量，采集了土样和水样，样品委托河南省农业科院进行分析。

## 3.2.1 农药种类调查

### 3.2.1.1 平舆县蓝天芝麻小镇农药化肥常用情况

表 3-1 为调查得到的蓝天芝麻小镇当地农作物常用农药种类。

表 3-1 蓝天芝麻小镇当地农作物常用农药种类

| 农药种类 | 小麦 | 玉米 | 芝麻 |
|---|---|---|---|
| 杀虫剂 | 氯氰菊酯、杀灭菊酯 | 氯氟氰菊酯 | 精喹禾灵 |
| 除草剂 | 苯磺隆、氯氟丙氧乙酸、二甲四氯、炔草枝 | 莠去津 | 噁霉灵、嘧菌酯无、丙森锌、多菌灵 |
| 治病 | 己唑醇、戊唑醇、多菌灵 | — | — |
| 叶面肥 | 丰田易得 | — | 千村红 |

### 3.2.1.2 西洋店农作物农药使用情况

表 3-2 为调查得到的西洋店当地农作物常用农药种类。

表 3-2 西洋店当地农作物常用农药种类

| 农药种类 | 小麦 | 花生 |
|---|---|---|
| 拌种 | 蚍虫林、戊唑醇(防锈病) | 蚍虫林、毒死蜱 |
| 除草剂 | 唛秋草(唑草·苯磺隆+氯氟吡氧乙酸+双氟磺草胺) | — |
| 防病 | 三唑酮(生长期) | 生长期,第一遍:补根:增根剂、五氯硝基苯<br>第二遍:美金子、苯比甲、环唑<br>第三遍:氯氰菊酯 |
| 杀虫 | 氯氰菊酯 | 杀虫丹 |

## 3.2.2 施肥情况调查

项目组通过调研表明,平舆县农业从业者,在小麦和玉米收获以后,将小麦秸秆和玉米秆经破碎处理,作为基肥均匀撒入农田,其中小麦杆中氮磷钾含量分别为 0.48%、0.22%、0.62%。在此基础上,每亩麦田施用 50 kg 通用氮、磷、钾复合肥,外加 5~10 kg 尿素,其中通用氮磷钾复合肥中氮磷钾比例为 15:15:15。或者每亩农田施用氮肥 12 kg、磷肥 6~7 kg、钾肥 4~5 kg,三者搅拌均匀施入农田。

# 3.3　典型耕地土壤现状调查

## 3.3.1　调查结果

针对蓝天芝麻小镇和西洋店调查区域,选择检测分析耕作层土壤质量,采用S形取样方式,取样深度为0~20 cm,同时分析相应的地下水水质。

针对水投集团试验田和天水湖闲置耕地调查区域,根据地下水深度,进行了1.25 m内的分层采样,每层深度25 cm。

农业农村部耕地普查结果如表3-3所示。

表3-3　典型镇及全县耕地土壤现状

| 乡(镇)名称 | pH | 有机质 | 全氮 | 有效磷 | 缓效钾 | 速效钾 | 有效铁 |
|---|---|---|---|---|---|---|---|
| 西洋店镇西洋潭村 | 5.83 | 17.6 | 0.95 | 22.4 | 617 | 132 | 125.6 |
| 东皇街道王寨村 | 5.93 | 15.3 | 0.91 | 24.6 | 643 | 153 | 107.6 |
| 全县平均 | 5.91 | 17.80 | 0.95 | 22.20 | 647.00 | 132.00 | 98.20 |

| 乡(镇)名称 | 有效锰 | 有效铜 | 有效锌 | 水溶态硼 | 有效钼 | 有效硫 |
|---|---|---|---|---|---|---|
| 西洋店镇西洋潭村 | 77.4 | 1.99 | 0.72 | 0.48 | 0.05 | 33.2 |
| 东皇街道王寨村 | 56.9 | 1.67 | 0.74 | 0.40 | 0.05 | 32.3 |
| 全县平均 | 57.10 | 2.06 | 0.78 | 0.52 | 0.06 | 35.6 |

项目组对西洋店和蓝天芝麻小镇实地取样检测情况如表3-4所示。

表3-4　西洋店和蓝天芝麻小镇实地取样检测结果

| 监测项目 | 单位 | 检测结果 | |
|---|---|---|---|
| | | 西洋潭村 | 蓝天芝麻小镇 |
| pH | — | 5.01 | 5.10 |
| 阳离子交换量 | cmol(+)/kg | 12.0 | 24.6 |
| 有机质(干基) | g/kg | 13.3 | 19 |
| 全氮(干基) | g/kg | 0.81 | 1.20 |
| 全磷(干基) | % | 0.044 | 0.061 |
| 有效磷(干基) | mg/kg | 22.6 | 31.5 |
| 总铬(干基) | mg/kg | 50.1 | 50.6 |
| 总砷(干基) | mg/kg | 5.42 | 6.65 |

**续表** 3-4

| 监测项目 | 单位 | 检测结果 | |
|---|---|---|---|
| | | 西洋潭村 | 蓝天芝麻小镇 |
| 总汞(干基) | mg/kg | 0.031 3 | 0.071 3 |
| 铅(干基) | mg/kg | 33.4 | 42.6 |
| 镉(干基) | mg/kg | 0.065 | 0.088 |
| 铜(干基) | mg/kg | 15.2 | 20.8 |
| 锌(干基) | mg/kg | 47.2 | 58.0 |
| 水分 | % | 1.1 | 1.9 |
| 吡虫啉 | mg/kg | 0.024 | — |
| 戊唑醇 | mg/kg | 未检出 | — |
| 毒死蜱 | mg/kg | 0.033 | — |
| 三唑酮 | mg/kg | 未检出 | — |
| 氯氰菊酯 | mg/kg | 未检出 | 未检出 |
| 五氯硝基苯 | mg/kg | 未检出 | — |
| 代森锌 | mg/kg | — | 未检出 |
| 多菌灵 | mg/kg | — | 未检出 |
| 苯磺隆 | mg/kg | — | 未检出 |
| 莠去津 | mg/kg | — | 未检出 |

注:"—"表示未使用该农药。

### 3.3.2　调查结果分析

目前,我国分别有《食用农产品产地环境质量评价标准》(HJ/T 332—2006)、《土壤环境质量 农用地土壤污染风险管控标准》(GB 15618—2018)和《全国第二次土壤普查养分分级标准》,分别针对土壤不同性质做了标准要求,如表 3-5 和表 3-6 所示。其中,表 3-5为农用地土壤环境质量评价标准,将土壤质量分为一级和二级,划分的依据指标为环境五毒元素及铜锌元素。表 3-6 为全国第二次土壤养分调查等级标准,将土壤等级分为一共六个级别,分别从有机质、全氮、有效磷和速效钾几个指标进行了规定。

表 3-5　　农用土壤环境质量评价标准　　　　　　　　　（单位:mg/kg）

| 项目 | pH<6.5 | |
|---|---|---|
| | 二级 | 一级 |
| 总镉 | 0.3 | 0.2 |
| 总汞 | 0.3 | 0.15 |
| 总砷 | 40 | 15 |
| 总铅 | 80 | 35 |
| 总铬 | 150 | 90 |
| 总铜 | 50 | 35 |
| 总锌 | 200 | 100 |

表 3-6　　全国第二次土壤养分调查等级标准

| 等级 | 有机质(g/kg) | 全氮(g/kg) | 有效磷(mg/kg) | 速效钾(mg/kg) |
|---|---|---|---|---|
| 一级 | >40 | >2 | >40 | >200 |
| 二级 | 30~40 | 1.5~2 | 20~40 | 150~200 |
| 三级 | 20~30 | 1~1.5 | 10~20 | 100~150 |
| 四级 | 10~20 | 0.75~1 | 5~10 | 50~100 |
| 五级 | 6~10 | 0.5~0.75 | 3~5 | 30~50 |
| 六级 | <6 | <0.5 | <3 | <30 |

　　在上述两个标准下,对各土样与各项目进行对比分析。

### 3.3.2.1　pH

　　图 3-6、图 3-7 分别为水投集团试验田、天水湖闲置耕地土壤 pH 随土壤深度的变化,将各取样点及不同土壤深度的 pH 进行对比分析。

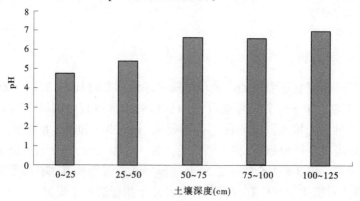

图 3-6　水投集团试验田土壤 pH 随土壤深度的变化

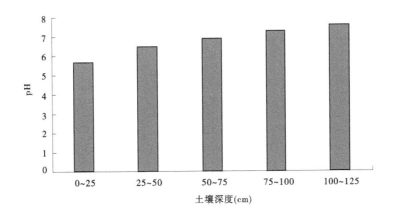

图 3-7　天水湖闲置耕地土壤 pH 随土壤深度的变化

根据调查检测结果,水投集团试验田、天水湖闲置农田的耕作层 pH 均低于 6.5,西洋店和蓝天芝麻小镇的土样 pH 均低于 5.2,均已经达到酸性。其中,水投集团试验田表层耕作土壤 pH 仅为 4.96,低于 5.0,因此,可以表明调查范围内土壤酸化严重。

### 3.3.2.2　营养成分

1. 磷

图 3-8 与图 3-9 分别描述了水投集团试验田及天水湖闲置农田土壤有效磷含量随土壤深度的变化。

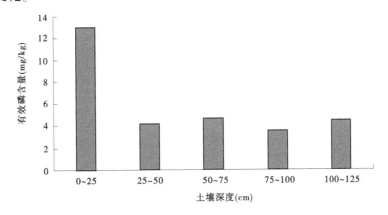

图 3-8　水投集团试验田土壤有效磷含量随土壤深度的变化

结果表明,表层农用土壤或者曾经农用土壤含磷量比下层土壤中含磷量要明显偏高。

2. 有机质

图 3-10 描述了各土样有机质含量与全国第二次土壤养分标准调查等级标准的对比,图 3-11、图 3-12 分别为水投集团试验田及天水湖闲置耕地有机质含量随深度的变化。

结果表明,蓝天芝麻小镇、西洋店、水投集团试验田、天水湖闲置农田的有机质含量均较,仅满足四级土壤有机质要求。但根据项目组在安阳鑫贞德有机农田的样品对比发现,在有机农场建场之初,土壤的有机质含量仅达五级标准,经过 8 年的有机种植,2018 年采样分析结果表明,农田有机质含量已经达到三级土壤的标准。

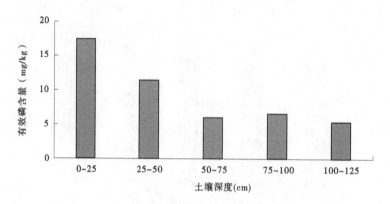

图 3-9　天水湖闲置农田土壤有效磷含量随土壤深度的变化

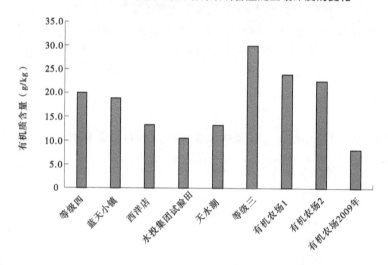

图 3-10　各土样有机质含量和土壤标准对比

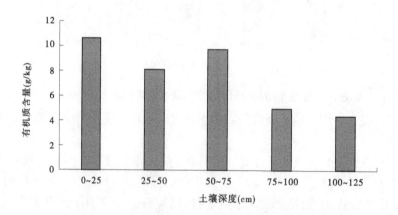

图 3-11　水投集团试验田有机质含量随土壤深度变化

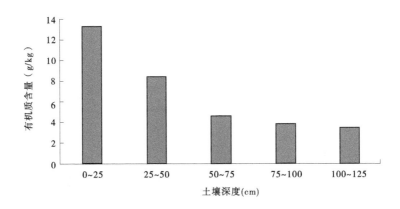

**图 3-12　天水湖闲置耕地有机质含量随土壤深度变化**

#### 3.3.2.3　重金属

针对典型农业种植区蓝天芝麻小镇和西洋店采集的土样样品重金属含量检测,与土壤质量标准对比分析,结果如图 3-13~图 3-19 所示。

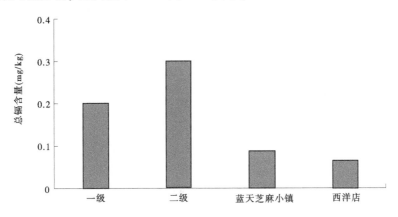

**图 3-13　总镉含量对比分析**

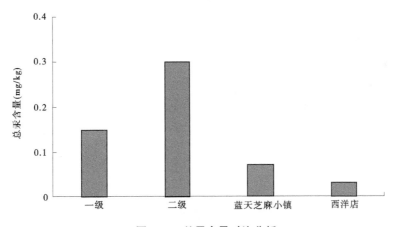

**图 3-14　总汞含量对比分析**

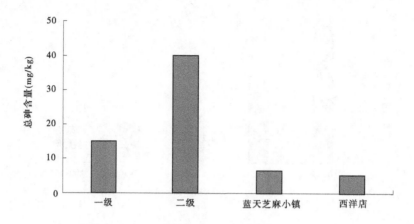

图 3-15　总砷含量对比分析

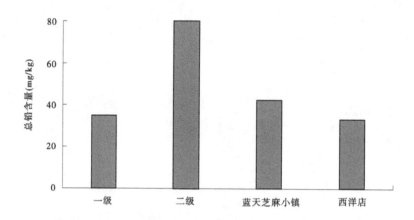

图 3-16　总铅含量对比分析

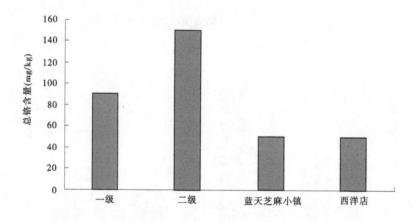

图 3-17　总铬含量对比分析

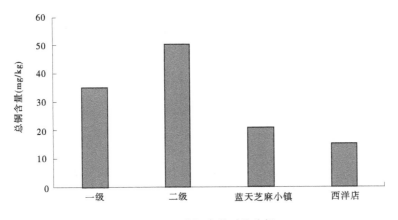

图 3-18　总铜含量对比分析

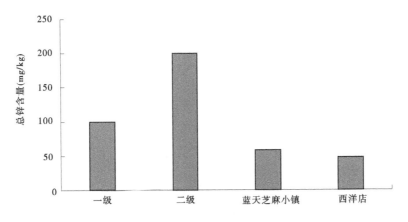

图 3-19　总锌含量对比分析

对比分析结果表明,调查农田的重金属含量中,除蓝天芝麻小镇土壤中总铅含量高于一级标准低于二级标准外,其他各项重金属含量指标均优于土壤质量一级标准。非常有利于开发高品质农产品的种植。

### 3.3.3　土壤调查小结

土壤检测结果与耕地质量和养分标准对比表明,平舆县耕地未受到重金属污染,除蓝天芝麻小镇土壤中总铅含量高于一级标准低于二级标准外,其他各项重金属含量指标均达到一级土壤标准。调查中,未发现销售施用禁用农药如六六六等,因此未检测相应指标。对于施用的农药,经检测,西洋店土壤中残留有吡虫啉和毒死蜱。蓝天芝麻小镇、西洋店、水投集团试验田、天水湖土壤有机质检测表明,均仅达到四级养分等级标准。

综上所述,目前平舆县耕地存在以下问题:①土壤酸化;②土壤板结;③生物量少;④有机质含量低;⑤有农药残留。由于调查土壤属于典型的农作物种植区,远离工业区,无工业污水排放和污水灌溉,且没有大量施用规模化畜禽养殖粪便,因此耕地无重金属污染。经过土壤改良和培育,具有开展有机种植的环境基础。

# 3.4　典型耕地土壤现状对策分析

## 3.4.1　土壤酸化

资料表明,中国中东部河南省,土壤酸化已初现端倪。土壤酸化是土壤退化的一个重要方面,造成土壤肥力下降、肥料利用效率降低、有毒物质对作物的毒害加重,影响作物生长发育。

传统来讲,土壤酸化是一个相对缓慢的自然发展过程。但是,近几十年来,随着化肥工业的迅速发展,化肥替代了有机肥,再加上人类活动的频繁干扰及其他因素的影响,中国酸化面积有逐渐增大、酸化程度进一步加深的趋势。20 世纪 80 年代以来农田土壤 pH 平均下降了约 0.5,北方的石灰性土壤同样出现了酸化。

自 2005 年起按照农业农村部部署,河南省开始实施测土配方施肥项目,至 2009 年实现行政区域全覆盖。根据测土配方施肥指导意见与方案要求,2005～2014 年全省共采集土壤样品 90 033 个。结果分析表明,河南省 0～20 cm 耕作层土壤 pH 在 4～10,其中 91.7%的土壤 pH 在 5.6～8.5,适宜农作物生长。与第二次土壤普查相比,总体上耕地土壤 pH≤7.5 的面积比增加 4%,其中 pH 在 6.5～7.5 的耕地土壤下降 2.9%,pH 在 4.5～5.5 的酸性土壤增加 1.4%;pH≤4.5 的强酸性土壤在二次土壤普查时尚不存在,目前却已达 6 000 hm²;河南省部分耕地土壤出现了酸化态势。表 3-7 为河南省 2005～2014 年和 1981～1984 年耕地土壤 pH 情况。

表 3-7　河南省耕地土壤 pH 情况

| 时间 | 耕地面积 | ≤4.5 | 4.5~5.5 | 5.5~6.5 | 6.5~7.5 | 7.5~8.5 | 8.5~9 | ≥9 |
|---|---|---|---|---|---|---|---|---|
| 2005~ 2014 年 | 代表面积(万 hm²) | 0.6 | 22.45 | 131.02 | 181.02 | 394.69 | 16.42 | 0.92 |
| | 占总面积比(%) | 0.1 | 3.0 | 17.5 | 24.3 | 52.8 | 2.2 | 0.1 |
| 1981~ 1984 年 | 代表面积(万 hm²) | — | 15.59 | 121.88 | 194.78 | 498.52 | 64.21 | 0.47 |
| | 占总面积比(%) | | 1.7 | 13.6 | 21.7 | 55.7 | 7.2 | 0.1 |

河南省 pH 为 4.6~5.5 的酸性土壤主要分布在河南省南部的信阳、驻马店、南阳和漯河 4 市,周口、平顶山等零星分布(见表 3-8)。新增 pH<4.5 的土壤为强酸性土壤,集中分布在河南省南部的信阳、南阳、驻马店与漯河 4 市,4 市强酸性土壤面积分别占全省强酸性土壤面积的 36.07%、30.37%、27.52%、2.68%(见表 3-9)。小麦、玉米为河南省主要栽培作物,十余年来,黄褐土区个别地块小麦、玉米三叶期后开始黄化、死亡,且症状逐年加重。2009 年始出现严重减产甚至绝收的现象。

以采样点 pH 为 4.6~5.5 土壤之间的点位数统计分析,酸性土壤主要分布在水稻土、黄褐土与砂姜黑土上;pH≤4.5 的强酸性采样点,主要分布在黄褐土、水稻土与砂姜黑土 3 大土类上(见表 3-10)。

表 3-8　pH 为 4.6~5.5 的土壤样点区域分布

| 省辖市 | 面积（万 hm²） | 比例（%） | 省辖市 | 面积（万 hm²） | 比例（%） |
|---|---|---|---|---|---|
| 信阳市 | 8.494 | 37.85 | 平顶山 | 0.524 | 2.34 |
| 驻马店 | 8.333 | 37.13 | 周口市 | 0.402 | 1.79 |
| 南阳市 | 3.755 | 16.73 | 其他 | 0.057 | 0.25 |
| 漯河市 | 0.877 | 3.91 | 合计 | 22.442 | 100.00 |

表 3-9　耕地 pH<4.5 的土壤样点区域分布

| 省辖市 | 面积（万 hm²） | 比例（%） | 省辖市 | 面积（万 hm²） | 比例（%） |
|---|---|---|---|---|---|
| 信阳市 | 0.215 | 36.07 | 漯河市 | 0.016 | 2.68 |
| 南阳市 | 0.181 | 30.37 | 其他 | 0.020 | 3.36 |
| 驻马店 | 0.164 | 27.52 | 合计 | 0.596 | 100.00 |

表 3-10　pH<5.5 土壤在不同土壤类型上的分布

| 土类 | pH 为 4.5~5.5 | | | pH≤4.5 | | |
|---|---|---|---|---|---|---|
| | 样本数（个） | 百分比（%） | 均值 | 样本数（个） | 百分比（%） | 均值 |
| 水稻土 | 9 849 | 34.94 | 5.3 | 171 | 21.19 | 4.32 |
| 黄褐土 | 8 576 | 30.42 | 5.22 | 344 | 42.63 | 4.34 |
| 砂姜黑土 | 4 250 | 15.08 | 5.21 | 103 | 12.76 | 4.38 |
| 潮土 | 2 719 | 9.65 | 5.25 | 72 | 8.92 | 4.37 |
| 黄棕壤 | 1 637 | 5.81 | 5.28 | 33 | 4.09 | 4.32 |
| 粗骨土 | 152 | 0.54 | 5.2 | 10 | 1.24 | 4.29 |
| 其他 | 1 007 | 3.57 | | 74 | 9.17 | |
| 合计 | 28 190 | 100 | | 807 | 100 | |

加速土壤酸化的人为因素主要有酸性化学肥料的长期投入及氮素化学肥料的大量投入。

（1）酸性化学肥料的长期投入。

当前肥料市场生产、销售的主要肥料品种有尿素、磷铵、硝酸磷肥，氯化铵、氯化钾、硫酸钾、过磷酸钙与复混（合）肥料等。其中氯化铵、氯化钾、硫酸钾、过磷酸钙均为酸性、生理酸性肥料，复混（合）肥料中的复混肥料、掺混肥料也是以含氯为主。据统计，2010~2015 年河南省登记的复混肥料中，低氯品种逐年下降、中氯与高氯产品呈现出逐年上升的趋势；掺混肥料中，含氯品种占全部产品的 81.9%（见表 3-11）。长期施用酸性肥料，尤其是氯离子含量高的肥料，引发土壤快速酸化。

表 3-11　2010~2015 年河南省登记复混肥料掺混肥料统计

| 时间（年） | 复混肥料 | | | | | | 掺混肥料 | | | | |
| --- | --- | --- | --- | --- | --- | --- | --- | --- | --- | --- | --- |
| | 低氯 | | 中氯 | | 高氯 | | 品种（个） | 含氯离子 | | 不含氯离子 | | 品种（个） |
| | 品种（个） | 比例（%） | 品种（个） | 比例（%） | 品种（个） | 比例（%） | | 品种（个） | 比例（%） | 品种（个） | 比例（%） | |
| 2010 | 488 | 85.2 | 54 | 9.4 | 31 | 5.4 | 573 | 182 | 75.5 | 59 | 24.5 | 241 |
| 2011 | 438 | 82.3 | 34 | 6.4 | 60 | 11.3 | 532 | 238 | 76.0 | 75 | 24.0 | 313 |
| 2012 | 651 | 79.2 | 109 | 13.3 | 62 | 7.5 | 822 | 252 | 77.3 | 74 | 22.7 | 326 |
| 2013 | 605 | 76.8 | 111 | 14.1 | 72 | 9.1 | 788 | 327 | 91.3 | 31 | 8.7 | 358 |
| 2014 | 969 | 77.6 | 173 | 13.9 | 106 | 8.5 | 1 248 | 563 | 81.4 | 129 | 18.6 | 692 |
| 2015 | 807 | 79.5 | 158 | 15.6 | 50 | 4.9 | 1 015 | 325 | 86.7 | 50 | 13.3 | 375 |
| 合计 | 3 958 | 79.5 | 639 | 12.8 | 381 | 7.7 | 4 978 | 1 887 | 81.9 | 418 | 18.1 | 2 305 |

（2）氮素化学肥料的大量投入。

中国农科院长期化肥监测网试验结果表明,长期施用氮肥土壤 pH 明显下降。河南省是粮食生产大省、人口大省,农作物复种指数高,中低产田约占全省耕地面积的 2/3,基础地力不足以支撑国家对河南省粮食生产的要求,粮食增产主要依靠化肥的大量投入。1978~2014 年河南省化肥用量以线性方式递增（见图 3-20）,2014 年氮素化肥总用量241.45 万 t（N）,占全国总施氮肥量的 10.1%,若以农作物播种面积计化肥单位面积投入,单质氮投入量 167.9 kg/km²,是全国平均水平的 1.2 倍。含氮复合肥料总用量280.31 万 t,单位面积投入量 195.0 kg/km²,居全国第 6 位。

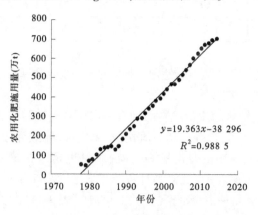

图 3-20　1978~2014 年河南省农用化肥施用量

关联分析结果表明,年均单位面积施肥量、土壤阳离子交换量(CEC)、土壤黏粒、年均降水量、降水年均 pH 和土壤有机质等 6 个因子是耕地土壤酸化的主要驱动因素;结构方程模型分析进一步阐明大量施用化肥、多雨气候条件及酸雨是加速河南省耕地土壤酸化的关键驱动因素。

不同植物生长发育适宜的土壤酸碱性不同,如棉花、甘蓝、大麦、玉米、小麦等作物适宜在中性至微碱性土壤环境下生长;水稻、油菜、紫云英、花生等适宜偏酸性土壤环境生长;而烟草、马铃薯等则适宜在酸性土壤环境下生长。土壤酸化是耕地质量退化的一个重要方面,其实质是自然和人为因素共同作用导致土壤中盐基离子减少、$H^+$ 和 $Al^{3+}$ 增加、土壤盐基饱和度下降、氢饱和度增加的过程。土壤酸化打破了原有的土壤生态平衡,导致土壤理化和生化性质改变,结构性变差,微生物数量下降,矿质养分失衡,重金属等有毒元素活化,土壤肥力降低,进而对作物生长、品质和产量产生不良影响。

根据土壤酸化理论,可以假设年均单位面积施肥量、CEC、黏粒、年均降水量、降水年均 pH、有机质等主要驱动因素对耕地土壤酸化影响包括以下路径:①CEC、降水年均 pH、年均单位面积施肥量、黏粒、年均降水量、有机质对土壤 pH 变化量($\Delta_{pH}$)有直接影响;②年均降水量通过影响土壤 CEC、有机质、黏粒和年均降水 pH 而间接影响土壤 $\Delta_{pH}$;③黏粒通过影响土壤 CEC 和有机质而间接影响土壤 $\Delta_{pH}$;④有机质通过影响土壤 CEC 而间接影响土壤 $\Delta_{pH}$;⑤降水年均 pH 通过影响土壤有机质、CEC 和黏粒而间接影响土壤 $\Delta_{pH}$;⑥年均单位面积施肥量通过影响土壤有机质、CEC、黏粒和降水年均 pH 而间接影响土壤 $\Delta_{pH}$。

以土壤 pH 变化量为母序列,将可能的影响因子作为子序列进行 GSCM 分析(见表 3-12)。结果表明,年均单位面积施肥量、CEC、黏粒与 $\Delta_{pH}$ 的关联程度最高,关联系数绝对值 $|R|$ 介于 $0.884 \sim 0.954$,其次为年均降水量、降水年均 pH、有机质、碱解氮及有效磷,与 $\Delta_{pH}$ 的关联系数绝对值 $|R|$ 介于 $0.609 \sim 0.669$,而砂粒、年均温度、坡度及粉粒与 $\Delta_{pH}$ 的关联程度相对较低,关联系数绝对值 $|R|$ 介于 $0.561 \sim 0.596$。其中年均单位面积施肥量、年均降水量、碱解氮、有效磷、砂粒、年均温度和坡度等对 $\Delta_{pH}$ 呈负向影响,即上述因素数值越大,耕地土壤酸化越严重;而 CEC、黏粒、降水年均 pH、有机质和粉粒等对 $\Delta_{pH}$ 呈正向影响,即上述因素数值越大,耕地土壤酸化越弱。由于耕地土壤碱解氮和有效磷含量与年均单位面积施肥量存在密切关系,故其对耕地土壤酸化的影响可以通过年均单位面积施肥量来反映。因此,可以确定关联系数绝对值 $|R| > 0.620$ 的年均单位面积施肥量、CEC、黏粒、年均降水量、降水年均 pH、有机质等 6 个因子为耕地土壤酸化的主要驱动因子。耕地土壤酸化主要驱动因子平衡关系的标准化修正模型如图 3-21 所示。

结构方程模型分析获得的耕地土壤酸化主要驱动因素的影响效应结果表明,年均单位面积施肥量对 $\Delta_{pH}$ 的直接效应最为显著,路径系数绝对值高达 0.70,同时大量施用化肥还会通过影响土壤有机质、CEC 及降水 pH 等因素间接影响土壤 $\Delta_{pH}$,其间接效应系数分别为 0.20、0.33 和 -0.27,年均单位面积施肥量的总效应绝对值高达 0.86,故长期持续大量施用尿素、氯化铵、硫酸铵和过磷酸钙等酸性或生理酸性肥料是造成耕地土壤酸化的最主要人为因素。年均降水量对 $\Delta_{pH}$ 的直接效应为 -0.40,间接效应为 -0.35,总效应绝对值也高达 0.75,故多雨的气候条件是导致耕地土壤酸化的最主要自然因素。降水年均

pH 对 $\Delta_{pH}$ 的直接效应为 0.38,间接效应为 0.11,总效应达到 0.49,故酸雨是导致耕地土壤酸化的另一最主要人为因素。图 3-21 结果还表明,耕地土壤 $\Delta_{pH}$ 与黏粒、有机质和 CEC 的直接效应分别为 0.30、0.22 和 0.23,间接效应分别为 0.13、0.18 和 0,总效应分别为 0.43、0.30 和 0.23,故黏粒、有机质和 CEC 是减缓耕地土壤酸化的主要内在因子。

表 3-12　耕地土壤 pH 变化量与可能影响因子的 GSCM 分析

| 排序 | 可能影响因子 | 灰色关联系数 | 影响类型 |
|---|---|---|---|
| 1 | 年均单位面积施肥量 | −0.954 | 负向 |
| 2 | CEC | 0.932 | 正向 |
| 3 | 黏粒 | 0.884 | 正向 |
| 4 | 年均降水量 | −0.669 | 负向 |
| 5 | 降水年均 pH | 0.626 | 正向 |
| 6 | 有机质 | 0.623 | 正向 |
| 7 | 碱解氮 | −0.613 | 负向 |
| 8 | 有效磷 | −0.609 | 负向 |
| 9 | 砂粒 | −0.596 | 负向 |
| 10 | 年均温度 | −0.590 | 负向 |
| 11 | 坡度 | −0.575 | 负向 |
| 12 | 粉粒 | 0.561 | 正向 |

注:图中数据为驱动因素平衡关系修正模型的影响路径系数。

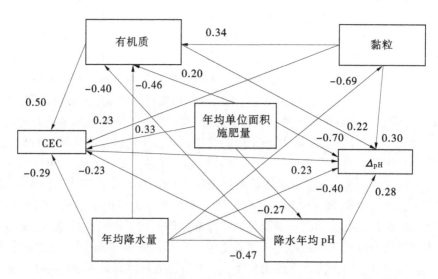

注：图中数据为驱动因素平衡关系修正模型的影响路径系数

图 3-21　耕地土壤酸化主要驱动因子平衡关系的标准化修正模型

长期不合理施用酸性或生理酸性肥料,或因植物喜好吸收 $NH_4^+$ 而使 $SO_4^{2-}$ 在土壤中残留并与作物代换吸收释放出的 $H^+$ 结合形成硫酸而导致土壤酸化,或因 $NH_4^+$ 在土壤中发生硝化作用释放 $H^+$ 而加速土壤酸化,故年均单位面积施肥量必然对耕地土壤酸化产生显著的直接影响,其直接影响效应高达-0.70。此外,有研究表明偏施化肥而忽视有机肥施用,造成土壤有机质含量下降及盐基离子补充不足和淋失数量增加,并显著提高土壤铝、铁的活性及其含量,进而加剧土壤酸化;不合理施用氮肥所致的氮素反硝化作用,致使土壤向大气中排放的含氮化合物增加,大气氮沉降也成比例提高,也会加速土壤酸化,故大量施用化肥还会通过影响土壤有机质、CEC 及降水年均 pH 等因素而间接影响土壤 pH,其间接影响效应分别达 0.20、0.33 和-0.27,致使年均单位面积施肥量在耕地土壤酸化主要驱动因素中位居首位,总影响效应高达 0.86。因此,长期持续大量施用尿素、氯化铵、硫酸铵和过磷酸钙等酸性或生理酸性肥料是耕地土壤酸化首要的外在驱动因素。

多雨的气候条件致使土壤形成和发育过程脱硅富铝化作用和有机质矿化作用强烈,盐基物质大量淋失,有机质含量总体不高,阳离子代换量和盐基饱和度降低,氢饱和度上升;此外,多雨的气候条件易引发水土流失而使黏粒大量淋失,从而降低土壤对酸的缓冲性,故多雨的气候条件必然对耕地土壤酸化产生较显著的直接影响,并通过影响土壤有机质、CEC 和黏粒而对耕地土壤酸化产生间接影响。本研究结果表明,年均降水量对耕地土壤 $\Delta_{pH}$ 的直接影响效应为-0.40,间接影响效应为-0.35,总影响效应绝对值高达 0.75,在耕地土壤酸化主要驱动因素中位居第二,致使降水量较大地区发生酸化的耕地土壤面积较大。因此,多雨的气候条件是耕地土壤发生不同程度酸化主要的外在驱动因素。

土壤抵抗酸碱变化的能力与土壤胶体数量、组成及 CEC 密切相关。有机质、黏粒和 CEC 高的耕地土壤对酸缓冲能力强,土壤越不易酸化,反之,则越易发生酸化。此外,土壤黏粒高低制约着土壤通气性和微生物活动,进而影响土壤有机质积累,而土壤 CEC 主要取决于黏粒和有机质含量与组成,故土壤黏粒、有机质和 CEC 必然对耕地土壤酸化产生较显著的直接影响,且黏粒通过影响有机质、有机质通过影响 CEC 也必然对耕地土壤酸化产生间接影响。黏粒、有机质和 CEC 对耕地土壤 $\Delta_{pH}$ 的直接影响效应分别为 0.30、0.22 和 0.23,黏粒和有机质对耕地土壤 $\Delta_{pH}$ 的间接影响效应分别为 0.13 和 0.18,黏粒、有机质和 CEC 对耕地土壤酸化总影响效应分别为 0.43、0.30 和 0.23,致使耕地土壤发生酸化程度的高低因土壤黏粒、有机质和 CEC 不同而差异明显。

因此,可总结出治理酸性土壤的有效途径为以下几种:

(1)利用碱性肥料品种快速调节土壤 pH。

2013 年河南省土壤肥料站着手调查黄褐土区作物黄化、死亡农田,初步判明,危害系土壤酸化造成。同期开展了试验示范,结果表明,增施碱性土壤调理剂、石灰、钙镁磷肥等碱性肥料,当季作物增产幅度达 120% 以上,受害农田粮食生产得以快速恢复。

(2)安全使用化学肥料减缓土壤 pH 下降。

随着时代的发展、科技的进步,中国肥料产品向精细化、高浓度化发展。钙镁磷肥、碳酸氢铵等低含量、碱性肥料品种逐渐淡出市场。同时,河南省作为整体土壤偏中性的省份,在过去测土配方施肥工作中,配肥的技术指标主要以土壤有机质、全氮、有效磷、速效钾含量等因素为依据,未将土壤 pH 纳入配方技术指标体系。

下一步的测土配方施肥工作,要在调整肥料品种、调节土壤 pH 的前提下,保证养分的有效供给。

（3）扩大秸秆还田面积。

秸秆还田不仅增加土壤养分，提高有机质含量，减少化肥用量，而且能改善土壤理化性状，调节土壤酸碱平衡。河南省是农业大省，主要种植作物为小麦、玉米，仅以小麦、玉米秸秆生产总量计，2014 年秸秆总量即达 5 488.4 万 t。目前，由于秸秆饲料化、肥料化、能源化等成本高、比例低，直接还田资源丰富。

（4）合理利用畜禽粪便。

河南省不仅是农业大省，也是畜牧大省。近年来，畜牧业养殖业集约化程度的不断提高，大量粪便和污水任意排放到养殖场周围环境中，排放量超过了承载能力，对养殖场及周围的大气、水体、土壤等危害严重。据估算，2014 年牛、羊、猪、家禽四类粪尿总量达 2.65 亿 t，折纯养分 337.7 万 t，其中氮 130.9 万 t、磷（$P_2O_5$）87 万 t、钾（$K_2O$）119.8 万 t，有机肥原料资源丰富。向农田增施经无害化处理的畜禽粪便，一是提高土壤酸碱缓冲容量、培肥地力，二是降低局部环境污染，三是替代部分化学肥料，促进化肥零增长的实现。

（5）深翻耕地加厚耕层。

旋耕机因其碎土、切碎地下根茎能力强，耕后地表平坦，便于播种机作业等特点，得到了广泛的应用。旱地旋耕设计深度一般只有 15 cm，实际旋耕耕层一般在 10~12 cm。长期旋耕，犁底层上移，耕层变浅，有效土壤数量下降，农作物根系分布浅，吸收营养范围减少；土壤蓄水能力降低、容重增加、孔隙度减少。物理性能恶化，抗御灾害的缓冲性能下降。多年试验、示范表明，在精耕细作，保证粮食安全的河南省，宜三年为一个周期，开展土地深耕，耕深 25 cm 左右。实施秸秆全量还田的地区，为实现秸秆的完全翻压，确保农作物正常生长，可缩短深耕周期。

## 3.4.2　土壤板结

化肥的过量和不合理使用带来了一系列不良后果。首先是土地资源的破坏。长期过度依赖化学肥料，加上不合理的施用 N、P 肥，有机肥和中微量元素肥料投入不足，长期规模化单一种植模式致使土壤中某些中微量元素有效性下降，微生物多样性减少，种群结构失衡，土壤结构恶化，养分失衡。土壤结构破坏、酸化、盐化，耕地退化，土传病害猖獗又使得化学农药使用量猛增，虫害抗药性增加，土地资源进入恶性循环。土壤板结就是土壤退化最表观、最显著的特征。

土壤板结的危害主要为：

（1）影响微生物活性。

土壤板结后，土壤中缺乏有机质，微生物的碳源减少，降雨或者灌溉堵塞土壤中通气孔隙和毛管孔隙，造成土壤缺氧，土壤的通气透水性变差，致使土壤微生物的能量来源减少，影响微生物的种类和活性。

（2）影响作物根系发育。

板结土壤的结构遭到破坏，土壤变硬、缺氧，作物根系在土壤中的伸展受到严重阻碍，根系活力下降，根部细胞的呼吸作用减弱，导致吸收营养元素时消耗细胞代谢产生的能量不足，严重影响根系从土壤中吸收养分的能力，地上部分的生长得不到充足养分的支持，作物不能正常发育,影响作物的产量和品质。

(3)导致缺素症的发生。

土壤板结后土壤的理化性质发生改变,如板结土壤失去团粒结构、保水保肥性降低、土壤 pH 发生改变、土壤的孔隙度降低等,引起根部吸收能力下降,使得作物对某种或某几种元素吸收不足,导致出现植物缺素症。

引起土壤板结的原因主要为:

(1)不合理的耕作。

土壤机械镇压、翻耕等农耕措施导致土壤结构被破坏,造成土壤板结。长期使用旋耕机翻地,旋耕机的翻地深度一般在 15~18 cm,养分集中在这一深度,而大多数作物根系集中在 15~25 cm,这就造成土壤养分聚集在表层,根系无法吸收到深层土壤的养分。旋耕太浅,深层土壤孔隙变少,通气透水性变差,降雨或灌溉后堵塞土壤孔隙;耕作过深,也会影响土壤的团粒结构,造成土壤板结。灌溉时采取大水漫灌方式,大部分水分在短时间内蒸发,造成表层土壤结皮,土壤的团粒结构遭到严重破坏,造成土壤板结。

(2)长期单一施用化肥。

不合理的施肥方式会造成土壤板结。例如,土壤微生物分解有机物需要的碳氮比为(25~30):1,所消耗的碳源来源于有机物质,施入过多的氮肥,而有机肥的施入严重不足,则影响微生物的数量和活性。土壤中的腐殖质是土壤有机质的主要存在形态,腐殖质本身带负电荷,能吸附多余的阳离子,对土壤的酸碱性具有缓冲作用。若土壤中腐殖质含量锐减,阻碍了团粒结构的形成,土壤结构遭到破坏,还可能出现龟裂现象。土壤中的阳离子主要以钙、镁离子为主,施入过多磷肥时,磷酸根与钙、镁结合成难溶性磷酸盐,降低了磷肥的有效性,造成浪费。

(3)秸秆还田量少,有机肥严重不足。

秸秆还田后经过微生物的矿质化作用和腐殖化作用之后,以矿质养分和腐殖质的形式存在土壤中,腐殖质是土壤有机质的主要存在形态,腐殖质不仅是土壤养分的重要来源,而且对土壤的理化性质、生物学特性有重要影响。腐殖质是一种高分子的有机化合物,带有大量的负电荷,能够吸附土壤中带正电荷的养分离子,起到保蓄土壤养分的作用。

腐殖质具有亲水性,能够吸附土壤中水分起到保水的作用,腐殖质中的腐殖酸与土壤中的钙、镁结合成腐殖酸钙和腐殖酸镁,使土壤形成大量的水稳性团粒结构,还田后降低土壤容重,改善土壤孔隙度。而秸秆还田后土壤微生物对其进行分解,是土壤微生物生命活动的重要能源来源。秸秆还田可以增加微生物的种类和数量,增强微生物的活性,即加强呼吸、纤维分解、氨化及硝化作用。

土壤板结的防治措施如下:

(1)增施有机肥。

对于板结土壤,尤其是黏滞土壤采用客土法和增施有机肥的措施。施入优质有机肥,有机肥经过微生物的矿质化作用和腐殖化作用之后,主要以腐殖质的形式存在土壤中。

(2)增施微生物菌剂,加大有益微生物的投入。

板结土壤中的"水、肥、气、热"条件失衡,对土壤中的微生物群体有一定的破坏,导致土壤环境中有益菌和有害菌比例失调,有害菌增多,侵害植物,使得病害发生严重。增施微生物菌剂,快速增加土壤中有益微生物的数量和比例,提高有机质含量,这些有益菌能够有效降解农药、化肥、除草剂的残留和有害化学物质,增加板结土壤的通透性;并且有益微生物在生长繁殖时能分泌多糖、酶等有益物质,能活化板结土壤中被固定的养分,提高营养成分的吸收效率,起到疏松土壤、培肥地力的作用。

(3)适当施用土壤改良剂。

土壤板结严重时,为短时间内改变土壤的宜耕性和土壤肥力状况,在施用生物有机肥的同时可适当施用土壤改良剂,加速团粒结构的形成。土壤改良剂中的硅、钙、铁等二价阳离子与土壤中的有机、无机胶体能快速形成土壤团粒结构,解决土壤板结问题,促进根系生长,同时调节土壤的固、液、气三相比例。

(4)合理施肥,推广旱作农业。

结合土壤状况和作物需求进行测土配方施肥,降低化肥的施用量,能有效防治土壤酸化。因此,应提高农民对各种肥料的认识,注意平衡氮磷钾肥的比例,重视有机肥,后期追肥时可喷施水溶性肥。另外,可根据作物的实际生长情况进行测土配方施肥,控制盲目施用化肥量,减少不合理的投入,增加经济效益。对于旱作农业,可更换耕作方式,深耕和旋耕相结合,耕作层在 30 cm 左右;进一步推广秸秆还田、免耕覆盖,尽量减少水土流失,以保持土壤结构不遭破坏;实行喷灌,不可大水漫灌,提倡利用夏季储存的雨水,充分利用地表水。

# 第 4 章　平舆县生态农业技术整合

由于现代常规农业大量使用化肥、农药等农用化学品,环境和食品受到不同程度的污染,自然生态系统遭到破坏,土地生产能力持续下降。为探索农业发展的新途径,各种形式的替代农业,如有机农业、生物动力学农业、生态农业、持久农业、再生农业及综合农业等概念应运而生。他们虽然名称不同,但其基本原理与思想都是相同或相近的,都是将农业生产建立在生态学基础上,而不是化学基础上。

伴随着现代农业的快速发展,一系列生态环境问题和经济问题逐渐显现出来。如日益严重的土地退化、水土流失、农用化学品污染、工农产品的废弃物对环境和农产品污染及生物多样性丧失等,开始直接和潜在威胁人类健康、生存环境和农业生产的可持续发展。从 20 世纪 60 年代末以来,世界各国在纷纷寻找新的替代农业。进入 21 世纪,探求可持续发展的生态农业之路仍是摆在人类面前的重大课题之一。20 世纪 80 年代,我国提出以资源"环保、高效"和农产品"安全、健康、优质"为目标的生态农业。

生态农业是在传统农业技术的基础上,充分利用现代农业技术发展起来的。因此,生态农业技术,既包含传统农业的宝贵经验和技术,也包含现代农业的科学技术。

传统农业是指沿用长期以来积累的农业生产经验为主要技术支持的农业生产模式。生产过程中以精耕细作、农牧结合、小面积经营为特征,不使用任何合成的农用化学品,利用有机肥、绿肥培育土壤,以人、畜力进行耕作,采用农业和人工措施或施用一些土农药进行病虫草害防治。传统农业是外界物质投入低、有高度持续性的农业类型。

天然植被、传统农业与生态农业系统比较见表 4-1。

生态农业最早于 1924 年在欧洲兴起,20 世纪 30 ~ 40 年代在瑞士、英国、日本等得到发展,60 年代欧洲的许多农场转向生态耕作,70 年代末东南亚地区开始研究生态农业;20 世纪 90 年代,世界各国均有了较大发展。建设生态农业,走可持续发展的道路已成为世界各国农业发展的共同选择。

生态农业最初只由个别生产者针对局部市场的需求而自发地生产某种产品,这些生产者组合成社团组织或协会。英国是最早进行有机农业试验和生产的国家之一。自 20 世纪 30 年代初英国农学家 A. 霍华德提出有机农业概念并相应组织试验和推广以来,有机农业在英国得到了广泛发展。在美国,替代农业的主要形式是有机农业,最早进行实践的是罗代尔,他于 1942 年创办了第一家有机农场,并于 1974 年在扩大农场和过去研究的基础上成立了罗代尔研究所,成为美国和世界上从事有机农业研究的著名研究所,罗代尔也成为美国有机农业的先驱。但当时的生态农业过分强调传统农业,实行自我封闭式的生物循环生产模式,未能得到政府和广大农民的支持,发展极为缓慢。

到了 20 世纪 70 年代后,一些发达国家伴随着工业的高速发展,由污染导致的环境恶化也达到了前所未有的程度,尤其是美、欧、日一些国家和地区工业污染已直接危及人类的生命与健康。这些国家感到有必要共同行动,加强环境保护以拯救人类赖以生存的地

表 4-1　天然植被、传统农业与生态农业系统比较

| 项目 | 天然植被 | 传统农业 | 生态农业 |
|------|---------|---------|---------|
| 生产力 | 中等 | 低/中等 | 中等/高 |
| 物种多样性 | 高 | 低 | 中等 |
| 遗传多样性 | 高 | 低 | 中等 |
| 食物网关系 | 复杂 | 简单/线性 | 复杂/网状 |
| 物质循环 | 封闭 | 开放 | 半封闭 |
| 恢复力 | 强 | 弱 | 中等 |
| 输出的稳定性 | 中等 | 高 | 低/中等 |
| 存在时间 | 长 | 短 | 短/中等 |
| 人类控制 | 独立 | 完全控制 | 半控制 |
| 对输入的依赖性 | 低 | 高 | 中等 |
| 生境的异质性 | 复杂 | 简单 | 中等 |
| 自主性 | 高 | 低 | 高 |
| 灵活性 | 高 | 低 | 中等 |
| 可持续性 | 高 | 低 | 高 |

球,确保人类生活质量和经济健康发展,从而掀起了以保护农业生态环境为主的各种替代农业思潮。法国、德国、荷兰等西欧发达国家也相继开展了有机农业运动,并于 1972 年在法国成立了国际有机农业运动联盟(IFOAM)。英国在 1975 年国际生物农业会议上,肯定了有机农业的优点,使有机农业在英国得到了广泛的接受和发展。日本生态农业的提出,始于 20 世纪 70 年代,其重点是减少农田盐碱化、农业面源污染(农药、化肥),提高农产品品质安全。菲律宾是东南亚地区开展生态农业建设起步较早、发展较快的国家之一,玛雅(Maya)农场是一个具有世界影响的典型,1980 年,在玛雅农场召开了国际会议,与会者对该生态农场给予高度评价。生态农业的发展在这时期引起了各国的广泛关注,无论是在发展中国家还是发达国家都认为生态农业是农业可持续发展的重要途径。

20 世纪 90 年代后,特别是进入 21 世纪以来,实施可持续发展战略得到全球的共同响应,可持续农业的地位也得以确立,生态农业作为可持续农业发展的一种实践模式和一支重要力量,进入了一个蓬勃发展的新时期,无论是在规模、速度还是在水平上都有了质的飞跃。如奥地利于 1995 年实施了支持有机农业发展特别项目,国家提供专门资金鼓励和帮助农场主向有机农业转变。法国也于 1997 年制定并实施了"有机农业发展中期计划"。日本农林水产省已推出"环保型农业"发展计划,2000 年 4 月推出了有机农业标准,于 2001 年 4 月正式执行。发展中国家也已开始绿色食品生产的研究和探索。一些国家为了加速发展生态农业,对进行生态农业系统转换的农场主提供资金资助。美国一些州政府就是这样做的;艾奥瓦州规定,只有生态农场才有资格获得"环境质量激励项目";

明尼苏达州规定,有机农场用于资格认定的费用,州政府可补助 2/3。这一时期,全球生态农业发生了质的变化,即由单一、分散、自发的民间活动转向政府自觉倡导的全球性生产运动。各国大都制定了专门的政策鼓励生态农业的发展。

生态农业是一种复杂的系统工程,它需要包括农学、林学、畜牧学、水产养殖、生态学、资源科学、环境科学、加工技术及社会学科在内的多种学科的支持。以前的研究,往往是单一学科的,因此可能对这一复杂系统中的某种组分有了一定的、甚至是比较深入的了解,但是对于这些组分之间的相互作用还知之甚少。因此,需要进一步从系统、综合的角度,对生态农业进行更加深入的研究,特别是要素之间的耦合规律、结构的优化设计、科学的分类体系,客观的评价方法方面。这种研究应当建立在对现有生态农业模式进行深入的调查分析基础上,必须超越生物学、生态学、社会科学和经济学之间的界限,应当是多学科交叉与综合,需要多种学科专家的共同参与,需要建立生态农业自身的理论体系。

在一个生态农业系统中,往往包含了多种组成成分,这些成分之间具有非常复杂的关系。在一般情况下,农民们并没有足够的理论知识和经验对这一复合系统进行科学的设计,而简单地照搬另一个地方的经验,也是非常困难的,往往并不能取得成功。目前在生态农业实践中,还缺乏技术措施的深入研究,既包括传统技术如何发展,也包括高新技术如何引进等问题。

如果没有政府的支持,就不可能使生态农业得到真正的普及和发展。而政府的支持,最重要的就是建立有效的政策激励机制与保障体系。虽然目前中国农村经济改革是非常成功的,但是对于生态农业的贯彻,还有许多值得完善的地方。在有些地方,由于政策方面的原因,农民缺乏对土地、水等资源进行有效的保护的主动性。而农产品价格方面的因素,有时也成为生态农业发展的一个限制因子。因为对于比较贫困的人口来说,食物安全保障可能更为重要;但对于那些境况较好的农民来说,较高的经济效益,可能会成为刺激他们从事生态农业的基本动力。

对于生态农业的发展,服务与技术是同等重要的。但目前尚未建立有效的服务体系,在一些地方,还无法向农民们提供优质品种、幼苗、肥料、技术支撑、信贷与信息服务。另外,尽管必要的激励机制是十分必要的,但生态农业应当更趋向于开发一种机制,以使农民们自愿参与这一活动。要想动员广大的农民自觉自愿、并能够自力更生地通过生态农业发展经济,能力建设自然就成为一个十分重要的问题。到目前为止,并没有建立比较有效的能力建设机制,对于更为重要的基层农民来说,很少得到高水平的培训与学习的机会。

虽然生态农业有着悠久的历史,政府也较为重视,但仍然没有在全国范围内得到推广。101 个国家级生态农业县与全国县域数量总数相比是一个非常小的数字。因为从总体而言,沉重的人口压力,对自然资源的不合理利用,生态环境整体恶化的趋势没有得到根本的改善,农业的面源污染在许多地方还十分严重。水土流失、土地退化、荒漠化、水体和大气污染、森林和草地生态功能退化等,已经成为制约农村地区可持续发展的主要障碍。从某种程度上说,目前的生态农业试点,还只不过是“星星之火”,没有形成“燎原”之势。

# 4.1　生态农业基本特征和原则

　　生态农业是指运用生态学、生态经济学原理和系统工程的方法,采用现代科学技术和现代管理手段,以及传统农业的有效经验,进行经营和管理的良性循环,能够获得较高的经济效益、生态效益和社会效益的现代化农业发展模式。生态农业包含了生态和谐、食品安全和可持续发展的思想,要求在农业生产过程中完全不用或基本不用化肥、农药、生长调节剂和饲料添加剂等化学物质,减轻环境压力,实现持久发展。强调遵循自然规律和生态学原理,协调种植业和养殖业的平衡。我国的生态农业强调以县为单位或更大规模,以便对生态农业建设实施整体调控。

　　中国生态农业的倡导者强调追求高的土地生产力。因为按照生态学原理,只有首先做到第一性生产(植物光合作用)尽可能大,才能有足够的能量进入到整个农业系统,从而才有可能进入良性循环状态。为此,决不排斥必要的物质和能量的较多量的投入。但同时,中国生态农业也特别强调大幅度提高投入的利用效率,以便一方面降低成本、减轻对外部投入的过分依赖,另一方面又从根本上排除化肥、农药、厩肥等残留污染土壤和水的可能性。

　　中国生态农业以经济发展与环境和自然资源的持续承受能力相适应为指导思想,在不危及后代需要的前提下寻求满足当代人需求的发展途径。通过生态农业建设,将利用资源、开发资源与保护资源集于一体,将专业化、商品化与社会化集于一体,将发展生产力与"富民"集于一体,这些指导思想与可持续农业与农村发展(SARD)关于"重视农业与环境的关系",以及"要通过管理和保护自然资源基础,并调整技术和机制改革方向,以确保获得和持续地满足目前几代人和今后世世代代人的需要"的指导思想是完全一致的。因此可以说,中国的生态农业是国际可持续农业思想在中国的具体实践,是有中国特色的可持续农业。

　　生态农业系统就其实质来讲,是人们利用生物措施和工程措施不断提高太阳能的固定率和利用率、生物能的转化率,以获取一系列的社会必需的生活与生产资料的人工生态系统。它和自然生态系统一样,不断与环境交换能量与物质,并在内部流通转化,从而保持系统的功能和结构,同时在其内部形成复杂的反馈关系。但是在生态农业系统的能量流动和物质循环中,人是处于核心位置的,人类有着很大的主观能动性,在不超越生态系统客观规律的情况下,可以能动地利用和改造生态系统。

　　生态农业系统作为一种高效的人工生态系统,不仅有生物(动物、植物、微生物)组成和环境条件(光、热、水、气、土等)组成,还包括人类生产活动和社会经济条件,是这些复杂因素组成的统一体。也就是说,生态农业系统不仅将一个区域(这个区域大至一个国家,小至一个乡或自然村)内的全部农业、林业、畜牧业、渔业、工副业等都包括进去,而且还和社会经济系统密切结合起来,是一个综合性的生态系统。

　　生态农业系统有它自己独特的总体结构,可以简单地用图4-1来说明。

　　由图4-1可以看出:

　　(1)生态农业系统的总体结构中,最重要的组成部分共有五项:农业环境、农业生物、

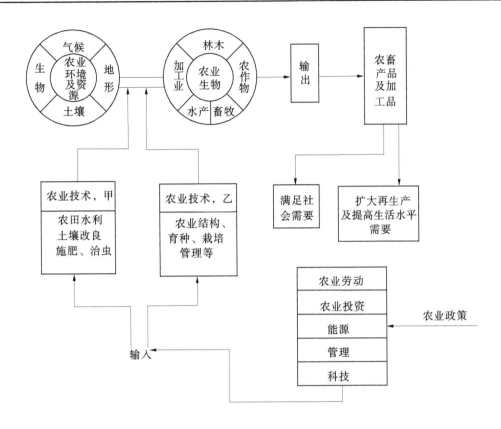

**图 4-1　生态农业系统总体结构**

农业技术、农业输入、农业产品(农业输出)。

(2)农业环境与农业生物是生态农业系统中的两个基本方面。而且这两者之间的关系十分密切,因为农业生产是需要一定的生态环境的,生态环境及其结构与功能的好坏,直接制约着农业生产水平的高低和能否健康地发展。而农业技术则是调节这两者之间矛盾的手段。

(3)为了实施农业技术,必须有一定的劳动与资本的输入,工业的支援,农业科学知识和教育的普及,农业的经营管理等,而这一切又受到农业政策深刻的影响。农业输入体现了人的能动作用,是生态农业系统中最积极的因子。

(4)在农业输入与输出的关系上,要求有较高的经济效果,即要考虑到农业的劳动生产率、投资利润率、商品生产率、农业生产者的经济收入,以及国家从农业取得的直接与间接的财政收入等。经济效果在生态农业系统中起着重要的支配作用,只有系统的经济效果不断提高,才能保证集体与个人收入的提高,并使国民经济收入增加较快,才能使农业生产得到更快的发展。

因此,要在农业生产中获得成功,保证农业生产的持续,稳定的发展,就必须对生态农业系统有一个全面深刻的理解,熟悉其总体结构,掌握其客观规律,分析其内外矛盾,从而选择最佳的系统设计(最佳的生产结构、产品布局、农业技术等)以取得最好的农业生产效果与经济效果,使农业生产获得稳定的发展。为此,又必须对生态农业系统的基本特点有所了解,才能达到最佳系统设计之目的。一般形式如图4-2所示。

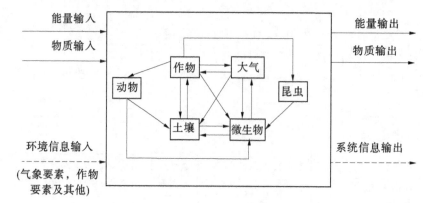

图 4-2 生态农业系统的一般形式

生态农业具有不同于常规农业的特征,并遵循以下基本原则:

(1)遵循自然规律和生态学原理。

生态农业的重要原则就是充分发挥农业生态系统内部的自然调节机制。在农业生态系统中采取的生产措施均以实现系统内养分循环、最大限度地利用系统内物质为目的。如利用系统内废弃有机物质,种植绿肥,选用抗性品种,合理耕作、轮作、多样化种植,采用生物和物理方法防治病虫草害技术,建立合理的作物布局,满足作物自然生长的条件,创建作物健康生长的环境条件,提高系统内部的自我调控能力,从而抑制害虫的暴发。

(2)采取与自然融合的耕作方式。

有机耕作不用矿物氮源来施肥,而是利用豆科作物固氮能力来满足植物生长的需要。种植的豆科作物用作饲料,由牲畜养殖积累的圈肥再被施用到地里,培养土壤和植物,尽最大可能获取饲料及充分利用农家肥料来保持土壤氮肥的平衡。

利用土壤生物(微生物、昆虫、蚯蚓等)使土地固有的肥力得以充分释放。植物残渣、有机肥料还田及种植间作物有助于土壤活性的增强和进一步的发展。土地通过多年轮作的饲料种植得到休养。农家牲畜的粪便也被充分分解并释放出来。这样,自我生成的土壤肥力并不依赖于代价昂贵且耗费能源生产出来的化肥,从事生态农业的农民也不会在农场里简单引入缺少的东西或找代替品,因为他们知道这些化学手段会对农业、牲畜及环境产生难以估量的损害。生态农场的农民致力于促进、激发并利用这种自我调节,以期能持续生产出健康的高营养价值的食品。在种植过程中通过用符合当地情况的方式进行轮作、进行土壤耕作机械除草机使用生物防治等方法,例如种植灌木丛和保护群落生态环境来预防和避免因病害和过度的重害对作物造成的危害。

(3)协调种植业和养殖业的平衡。

根据土地承载能力确定养殖的牲畜量。通常说牲畜承载量是每公顷一个成熟牲畜单位。尽量减少从外界购买饲料的数量,避免引入抗生素、激素、重金属及农药残留等,导致污染土壤。另外牲畜养殖规模,还取决于土地能容纳的粪便量。在这种情况下,饲料和作物的种植处于一种动态平衡,且经济效益最大化。

(4)禁止使用基因工程获得的生物及其产物。

基因工程不是自然发生的过程,故违背了生态农业与自然秩序相和谐的原则。基因工程品种还存在潜在的、不可预见的破坏自然生态平衡的影响。因此,生态农业,坚决反对应用基因工程技术。

(5)尽量少用或不用人工合成的化学农药、化肥、生长调节剂和饲料添加剂等物质。

人工合成的化学农药化肥生长调节剂和饲料添加剂等物质,进入生产系统后,会对农副产品质量、土壤质量、水环境质量及生态环境质量带来不良影响。

总之,生态农业是要建立循环再生的农业生产体系,保持土壤的长期生产力,把系统内能量、大气、水、土壤、微生物、植物、动物和人类看成是相互关联的有机整体,同等地加以关心和尊重。采用土地与生态环境可以承受的方法进行耕作,按照自然规律从事农业生产。

在实施生态农业过程中,遵循以下基本原则:

(1)建立相对封闭的养分循环利用体系。

生态农业的指导思想是耕作与自然的结合。在生态农业中,自然的生命进程应受到促进,营养物质的循环应尽可能保持完整,种植和养殖应该结合起来,把包含人类、土地、植物和动物的农场视为一个多元的整体,即一种有机整体。

尽可能封闭的养分循环就是尽量不从外界购买农药、化肥、饲料等,把农业生产系统中的各种有机废弃物,如人畜粪便、作物秸秆和残茬等,重新投入到农业生产系统内。也就是说,生态农业不是单一的作物种植,而是种养结合,农、林、牧、副、渔等合理配置,从而实现营养物质高效、循环利用的综合农业系统。通过营养物质的循环运动,系统内的任何一部分与其他部分都是相互联系和相互影响的。

在常规农业中,由于作物只能利用化肥的一部分养分,多余的养分流出系统给环境造成负担。同时化肥对土壤的理化性质产生不良影响,降低土壤的 pH,增强重金属的迁移性,导致土壤沙化、板结等。另外,生产化肥需要消耗大量不可再生资源,长期来看,农业生产依赖化肥是不可持续的。封闭式生产一方面可减少农业对生态环境的污染和对不可再生资源的消耗,另一方面也有利于农业系统的健康。从外界购买的粪肥、饲料等可能含有化学药物残留、重金属残留、杂草种子和其他有害物质,这些都会影响土壤生物活性,破坏系统的稳定。

农业生产所需的氮肥可以通过种植豆科饲料、绿肥和有机废弃物的循环利用等方式在系统内解决,磷、钾等养分主要通过提高土壤生物活性,促进作物从土壤后备养分中活化养分。

养分封闭式循环利用是生态农业理论的基础,生态农业的其他原则,都是这一理论的延伸,既符合生态规律,又符合经济规律。由于减少了外部购买,自然就降低了生产成本。因此,生态农业是一种低投入、高效益的生产方式。

(2)培养健康的土壤。

由于尽可能地封闭,使养分循环来自外界的养分有限,作物主要依靠生产系统自身的力量获得养分。在农业生产系统内营养物质循环的基础是土壤。健康的土壤→健康的植物→健康的动物→健康的人类。因此,土壤是生态农业的中心,生态农业的所有生产方法都应立足于土壤健康和肥力的保持与提高。只有肥沃的土壤才能维持整个系统的正常运转。

常规农业生产中,一方面放弃了有机肥料,只使用易溶解的化肥,营养物质直接被植物吸收。土壤只是一个载体,土壤结构差,作物根系不发达,营养不和谐。另一方面,作物对化肥的利用率很低,未被利用的化肥,则会污染大气环境、水环境,破坏土壤环境。

对于生态农业来说,健康的土壤就是有生命的土壤。土壤中含有无数的土壤生物,他们分解、运输养分,并提供给植物的根部。与家畜一样,土壤生物也需要"喂食",有机粪肥、作物残茬与绿肥都能为土壤中的生命提供营养,而且活着的植物通过其根部释放有机物质,也可以用作土壤生物的食物。这些有机物质通过土壤生物的加工分解,又反过来为植物提供生长所需的各种物质。这样植物与土壤生物活动相互促进,植物通过发达的根系和根际微生物积极寻找营养。健康土壤的特征之一是具有良好的可扎根性,作物根系能够均匀地深入其中,从而使植物健康生长所需的养分、水分、空气和能量处于生命循环之中。

试验证明,土壤有机质,不一定都要矿化分解后才能被作物利用。作物根系也可以直接吸收大的有机分子。这些有机分子是构成细胞的成分。有机农业的先驱 Rusch 称它为"生命物质",并提出生命物质的循环论。"生命物质"从作物到人和动物,再通过人畜粪便回到土壤,在土壤中又被作物吸收。当我们在农业生产中放弃有机肥而只用化肥时,这一"生命物质"循环就被打破,与这一循环相伴的土壤微生物也就失去了存在的条件,土壤肥力下降。

(3)保护不可再生性自然资源。

常规农业中,农业的大幅度增产是通过大量增加农业生产资料,如化肥和农药的投入来实现的。生产氮肥和农药需要大量的资源和能源、如煤炭、石油、天然气等,生产磷肥和钾肥需要相应的矿石。通过矿藏储备向土壤提供养分,只能在较短时期内实行。中长期来看,要保护这些不可再生性自然资源,走可持续性发展的道路,就必须利用耕作层中的后备养分,或者从岩石中萃取磷和钾以补充土壤。

生态农业生产中主要通过提高土壤生物活性,使植物主动活化分解土壤中难溶性的矿物质(磷和钾)等。

生态农业还重视豆科作物的种植。豆科作物根瘤菌利用太阳能将空气中的氮固定下来,为作物所利用,从而可以节省大量化肥。太阳能是取之不尽的,而化工合成 1 kg 氮肥需要消耗 77 700 kJ 的化石能量。

(4)充分利用农业生态系统内的自然调节机制。

正常的农业生态系统中,害虫和益虫的密度都是在不断变化的,它们之间是相生相克、此消彼长的关系。总体上来说,系统处于一种平衡状态,不会暴发病虫害。害虫也是生态系统固有的组成部分,是益虫的食物。因此,生态农业生产中的病虫害防治原则在于模仿自然生态环境,采取适当的农业措施,建立合理的作物生长体系和健康的生态环境,提高系统内自然生物防治能力,从而抑制害虫暴发,而并非像常规农业那样力求彻底消灭害虫,更不是等到病虫害暴发时才采取措施。反过来说,如果在生态农业生产中暴发了病虫害,恰好说明整个生产系统还不稳定。要建立稳定(平衡)的农业生态系统,就必须增加系统内物种的多样性。举例来说,根据能量流和物质流,把一个系统简单分成4级:太阳、植物、食草动物、食肉动物。假如一个系统内只有一种植物、一种食草动物、一种食肉动物，在这个食物链上一旦某一个环节出现问题，这个生态系统就遭到破坏。假如结构稍微复杂一些，即使其中一个环节遭受破坏，整个系统也不会毁灭。促进生态农业系统内物种多样化的主要措施有：①多样性种植（轮作、间作、套种）；②适度控制作物的营养水平；③有目的地建立天敌栖息地和群落生境；④机械或人工（而不是化学）除草。

自然生态系统中的各种生物之间存在着各种各样的相互关系，这些相互关系可以分为两大类：对抗和共生。表 4-2 中表示了 A、B 两种生物的关系分类。在农业生态系统中，同样存在着表 4-2 中所列的各种关系。生态农业经营追求的目标就是控制、协调和利用好这些关系，以求获得最大的经济效益和生态效益。

表 4-2　物种 A 和物种 B 生物间的相互关系

| 物种 A | 物种 B | 相互关系 | 作用特征 |
| --- | --- | --- | --- |
| + | + | 互相共生、协作 | 互利 |
| + | 0 | 偏利共生 | 偏利 |
| 0 | 0 | 零关系 | 无作用 |
| 0 | - | 他感 | 抗生 |
| + | - | 捕食、寄生、草食 | 捕食、寄生 |
| - | - | 竞争 | 竞争 |

注：+、-、0 分别表示正作用、负作用和无作用。

在自然界中，物种共生是一种非常普遍的现象。在生态农业系统中如何选择和匹配好这种关系，发挥生物种群间互利共生和偏利共生机制，使生物复合群体"共存共荣"，是人工生态系统建造的一个关键。例如，人们很早就发现农作物与豆科植物种植在一起要比单作时有更高的产量，这其实是利用了豆科植物与固氮细菌的共生关系；农林复合经营方面，如河南的桐粮间作等，都取得了很好的效益。

在自然生态系统中，物种间捕食和寄生关系的形成经过了一个长期的协同进化过程，是非常稳定的，在没有干扰或干扰很小的情况下，这种稳定的关系不会受到破坏。农业生态系统是一个半自然、半人工的生态系统，经常由于不合理人为因素的干扰而使其中稳定和协调的关系受到破坏。现代传统农业经营中，化学农药的滥用是一个重要方面。生态农业力求利用自然生态系统中的捕食和寄生关系来控制虫害和病害的发生，已有了许多成功的范例。我国一些林区通过益鸟保护和招引工程来控制林木害虫的发生已取得了良好的效果。有资料表明，1 只山雀 1 天的取食量等于它的体重，1 只啄木鸟 1 天可取食 200 多条害虫，1 只灰喜鹊可以保护 1 亩松林。

抗生作用是指微生物之间、植物和动物之间、不同种的植物之间，以及不同种的动物之间通过化学物质产生的相互抑制和排斥的作用。许多植物和微生物都能产生对微生物有抑制作用的抗生素，保护自身不受其他微生物的侵染。一些植物的果实中含有大量的次生物质，如单宁和一些多酚类物质，它们能有效地减少动物对它们的取食。太行山低山区利用石榴作为绿化树种，由于一般家畜拒食而达到绿化目的。把金莲花栽植在果树周围，可使果树上的蚜虫数量明显减少。这些例子都是利用的物种间的抗生作用。在生态农业的经营中，可以充分地利用这种作用来为生产服务。

当若干个对环境资源有相近需求的物种共同生活在一起的时候，它们都力求抑制对方的现象称为竞争。竞争可以发生在物种之间，也可发生在物种内的不同个体之间；可表现为资源利用性竞争，也可表现为直接干扰性竞争。竞争排斥原理告诉我们，生态位相同的两个物种不能长期共存。竞争关系从生物的进化和自然选择方面可能起到推动作用，但从短期来看，对竞争种的个体生长和种群数量的增长往往会有抑制作用。物种的竞争能力取决于种的生态习性、生态幅度。而生长速率、个体大小、抗逆性、叶子和根系的数量和分布及植物的生长习性等也都会影响竞争能力。一般来说，具有相似生态习性的植物种群之间竞争激烈；不同属但生活型相同的植物之间，也常常发生剧烈的竞争。当某一物种处于最适宜生态幅度时，表现出最大竞争能力。根系在竞争中起着重要的作用。当不同种的根系处于同一土层，而土层中的水分和养分并不太充分，会导致激烈的竞争。这时，哪一物种的根系发达，其竞争能力也就越强。具有营养繁殖特性如葡萄，以及离子交换能力较强的种类，也具有较强的竞争能力。来自同一基因型的个体之间的竞争，比来自不同基因型之间的个体竞争更为激烈。

（5）根据土地面积决定家畜饲养量。

生态农业把整个农场作为一个有机体，实现农场内部尽可能封闭的养分循环。一个农场，如果有与土地生产量相应的养殖业和加工业，则植物养分的循环在农场内部就达到了最大化，同时农场之间的养分转移量也就最小。考虑到作物主动活化的养分和农产品加工下脚料归还的养分，一个种养结合合理的综合性农场，即使其产品离开农场循环体系也没有必要使用化肥。

可见，生态农业提倡种养结合，养殖动物的数量应根据土地面积确定。也就是说，农场能生产多少饲料就能饲养多少头家畜。因为，如果过量饲养家畜，就必然从外界购买饲料。这会导致过量的家畜产生过量的粪便，过量施用粪便又使土壤养分过剩造成环境问题；另外，购买的饲料会引入农药、抗生素等药物，一方面影响家畜质量，另一方面家畜粪便中代谢不完全的农药、抗生素、重金属污染农场土壤、水环境。根据土地总生产量的不同，一般每公顷可以饲养 0.8~1.5 个大家畜单位（一个大家畜单位，相当于体重 500 kg 牛全年的营养需要量）。另外，家畜的数量少一些，农民可以更精心地照料。

相反，只搞种植的农场，只能靠化肥向土地归还或超量补充被植物吸收的养分。同时，只搞养殖的畜牧场，粪便堆积如山，严重污染生态环境，或者由于饲料面积有限，大量的家畜粪便使土地营养超负荷，最后还是污染环境。

（6）根据动物行为和生理特点进行饲养管理。

现代畜牧业片面追求动物的高产和快速生长，导致家畜的工厂化、集约化饲养，动物完全成了生产机器。由此引起一系列问题：奶牛繁殖力下降，生产寿命缩短，发病率增高等。

生态农业在家畜管理方面，要创造舒适的环境，让家畜能够按其天生的行为习惯自由地生活在饲料方面，不允许片面追求超过家畜自然生产能力的高产。例如，为提高产奶量而大量喂给奶牛精饲料。不使用化学合成药物进行疾病的日常预防，例如饲料中禁止添加抗生素和激素等其他化学药物。

（7）生产高品质的食品。

生态农业进行生产的原动力来自消费者对食品安全的需求。而消费者之所以愿意出高价购买高品质的食品，是因为他们认为，生态农业生产的产品品质更好，更有利于健康。生态农业生产方式有利于保护环境，并有利于农民摆脱贫困。

# 4.2　生态系统中的物质能量流动

生态系统中的物质循环和能量流动，是同等重要的现象，物质循环是在能量的推动下进行的，没有能量的流动，就不会有物质的循环。此外，微生物在物质循环方面起到了巨大的作用。

能量在不断地流动，物质在不停地循环，这就是生态系统的总的情景。就物质循环来说，任何时候，任何元素都处在循环的某个阶段。一个原子可以在一个生态系统中反复循环，被利用许多次，每一种元素在生态系统中的循环都起一定的作用，都有它自己的特点，但是有些循环在短期间内是更为关键的，或者对于人的干扰更为脆弱。

生态系统中的物质循环，除水的循环外，又称为生物地球化学循环，即各种化学物质在地球上的生物和非生物之间的循环运转。而运转过程中化学元素在生物与非生物成分之中的滞留，我们称为"库"。而元素在库与库之间的转移即构成了物质循环。由于各库的库容量不同，以及各种元素在各库的滞留时间和流动速度的不同，因此常把库容量大、元素在库中滞留的时间长、流速慢的库称为"储存库"，相反则称为"交换库"。一般说来，储存库多属于非生物成分，如土壤库，而交换库多为生物成分，如植物库。

尽管物质在化学性质上多种多样，根据循环的主要蓄库是大气，还是蓄库与岩石、土壤和水相联系，可以区分出两类物质循环：

（1）气相循环。它的储存库主要是大气圈和水圈，氧、二氧化碳、水、氮（其生物来源，应当主要依靠大气，而不是人工合成化肥，碳也相同）等都属于气相循环类型，气相循环把大气和水体紧密地联结起来，具有明显的全球性循环特点，因此是一个相当完善的循环类型。

（2）沉积循环。其主要储存库是岩石圈和土壤圈。磷、硫、钙、钾、钠的循环都属于沉积循环类型（通过深翻耕地来实现生物需要的补充，也充分发挥微生物促使这些元素流动的作用，而微生物的生长，需要有机质的存在，化肥农药恰恰起到了抑制作用，阻断了微量元素被植物利用的途径）。沉积循环主要是经过岩石的风化作用和沉积物本身的分解作用，将储存库中的物质变成生态系统中生物可以利用的营养物质。这种转变的过程相当缓慢，可能在较长的时间内不参与各库之间的循环，因此具有非全球性的特点，是一个不完善的循环。

这两种循环，虽然各有特点，但也有相同之处，它们都受到能流的驱动，而且也都依赖于水的循环。

### 4.2.1　生态农业系统中养分循环

动植物生长发育不可缺少的物质养分,是通过土壤→植物→动物→土壤路径转移的。这种通过一系列库的转移顺序,构成了物质循环一种最简单的代表方式。但是在大多数情况下,养分的循环转移要比这复杂得多,许多循环是多环性的,而且一种物质完成一个循环所需的时间长短可以有很大的差异,从微生物中转化过程的若干分钟,到一年生作物吸收和生长过程的若干个月,再到动物吸收和生长过程的若干年和到自然环境转移的数千年甚至数百万年。因此,研究任何物质循环的时间尺度,必须仔细确定。而为了对物质循环进行定量研究,还必须对所研究物质的化学性质,库的大小和性质,库与库之间的通道,物质沿着这些通道转移的速率和数量,所研究的系统的界限和范围(如牧场、农场等)有所了解。

一般来说,决定元素循环方式的最重要的特性是其在水中的溶解度、挥发性和电化学势。比如氮和它的气态化合物是挥发性的,它的固体化合物在水中溶解度很高,所以氮的循环是高度动态的,并且具有很多通道和转移方式;磷化合物在水中溶解度低,所以在土壤和植物含磷量中只有很小一部分(约1%)出现在植物体中,所以磷的循环一般不如氮那样复杂;钾循环的复杂性介于两者之间,因为钾化合物一般都不挥发,但在水中有较高的溶解度;钾在土壤中比磷较易从土壤胶体上置换出来,它被植物吸收的数量亦大于磷。

生态农业系统中的物质循环,通常都经过植物库、牲畜库和土壤库。植物库包括了植物的所有部分,它可以是作物,也可以是被牲畜消耗的那一部分。在大多数集约放牧或种植系统中,物质在植物库中存留的时间只占全部循环所需时间的一部分。而对于那些未被充分利用的原始植被或森林来说,物质在其中存留的时间就可以很长了。在研究工作中,有时还将植物库划分为储存于顶部和储存于根部的物质,这样划分对于在一个生长季节结束时,研究收获的根类作物和遗留在土壤中的根的动态是很有利的。

牲畜库中包括了动物消耗的植物产品中所含的养分。食草动物所吸收的养分,只占其消耗量的很小一部分,而大部分都作为排泄物归还到土壤了,成了土壤库的一部分。当牲畜产品出售时,其所含的养分就越过了系统的边界,流出系统了。

土壤库包括了有机和无机组成中的养分及存在于土壤溶液中和成为代换态的养分,后两类养分构成了土壤有效态养分库,而植物正是从有效态养分库中获得养分的。因此可以认为,土壤库包括三个分库。而将有机残体库看作一个分开的实体,是很重要的,因为有机残体中的养分,在它转移到有效态养分库以前,变化较大,而且存留在残体中的时间很长。

当养分在这些库中转移时,可能发生各种不同方向的转移,但是只有某一部分或某一方向的转移是重要的。而且如果两个方向的转移同时发生,通常只测定其净结果。

此外,当由于施肥或出售农产品,而使得养分进入或转移出某一库时,对这些转移的定量则需要仔细确定养分循环系统的边界,以及确定发生转移的时间周期。

在任何储存库中,一种养分的平衡状况,可以通过该养分的净流入和净流出来确定。当流入和流出相等时,就出现了平衡状态,或者说达到了稳定状态。这时尽管还有流入和流出,但库的容量没有变化。这种平衡状态,在库与库之间的转移过程中,也是可能发生的。

　　对于整个系统的均衡状态,情况也同样如此。在系统中,养分在几个库之间通过,若养分的转移都是在这个系统的边界之内进行,我们称这样的系统为封闭系统,而开放系统,则养分的转移可以跨过边界(例如,生态农业系统就是如此)。一个系统养分的平衡,即流入和流出该系统的养分相等。另外,一个系统的某种养分转移也可能是不等的(流入与流出不相等),这时,对于该养分来说就是在聚积或减少。显然,由于养分的动态各不相同,对于一个系统的所有养分来说,不必也不可能都处于相同的平衡状态。

　　生态农业系统中,养分在各个库之间转移的数量,不但受系统内状况和过程的影响,也受系统外环境和控制力量的影响。亦即养分的循环受到系统内部和外部两方面的控制,外部控制是物理环境和化学环境所施加的,而内部控制则是通过这个系统的组成部分的生物学能力,去应付某生物的、物理的和化学的环境而实现的。生态农业系统经常以输入肥料和输出粮食及其他农畜产品为特征,因而更加受到人类及栽培措施等的影响。

　　生态农业系统最重要的外部控制是由能量所造成的,它通过调整光合作用,通过气候条件中的温度对生长速率的影响,以及通过土壤和植物中依赖于温度的化学和微生物过程而起作用。

　　外部控制的另一重要方面就是水分的供应与调节。因为水分不仅是植物生长的一大要素,还是一种重要的运输介质,并且由于养分溶解度和水分供应之间的相互作用,控制着养分对植物和微生物的有效性,因此水分及其循环对于生态农业系统中的物质循环是极其重要的。

　　显然,人类活动对于生态农业系统中的养分循环,有着十分深远的影响。在控制养分循环的诸多因素中,最重要的包括施用农家肥和化肥、土壤管理、选择作物及作物管理、饲养牲畜的选择及其管理等。

## 4.2.2　生态农业系统中的能量流动

　　太阳能辐射到地球上以后,被绿色植物吸收和固定,并将光能变为化学能,这个过程就是“光合作用”。在光合作用过程中,绿色植物在光能的作用下,把吸收的二氧化碳和水,合成为碳水化合物,称为光合产物。同时也把吸收的光能固定在光合产物分子的化学键上,这种储藏起来的化学能,一方面满足植物自身的生命活动的需要,同时也供给其他异养生物生活的需要。于是,太阳能通过绿色植物的“光合作用”进入了生态系统,并作为高效的化学能,开始了流动。例如,当牧草被食草动物采食后,能量便流入了食草动物,当食草动物被食肉动物捕食后,能量又流入了食肉动物,人类又以植物、动物为食,于是能量又随之流入了人体中。

　　生态系统中的能量不仅有流动,而且也有转换,例如高山水库中的水,具有巨大的潜能(势能),而一旦开闸放水,就会转化为巨大的动能。生态系统中的动能是生物及其环境之间以传导和对流的形式互相传递、转化的一种能量。生态系统中的潜能是蕴藏在光合生物化学键内处于静态的能量,它只能通过食物链的取食关系在生物之间传递和转化。这种生物与环境之间、生物与生物之间的能量传递和转化过程,就是生态农业系统中的能量流动的过程,并且能量的这种流动和转换,也服从于热力学第一定律和第二定律。

　　热力学第一定律就是能量守恒定律,即在自然界发生的所有现象中,能量既不能消灭,也不能凭空产生,它只能以严格的当量比例,由一种形式转变为另一种形式。生态农业系统中的能量变换,也完全遵守这一定律。当绿色植物吸收光能以后,可将光能转变为化学能,而当绿色植物被食草动物采食后,又可将化学能转换为机械能或其他形式的能量。显然,如果一个系统的能量发生变化,则必然引起环境能量的变化,系统能量增加,则环境的能量必然要减少。反之也一样,系统能量减少,则环境能量必然要增加,因为总能量是固定不变的。

　　而热力学第二定律则是对能量传递和转化的重要概括。简单来说就是,在封闭系统中,一切过程都伴随着能量的改变,在能量的传递和转化过程中,除一部分可以继续传递和做功的能量(自由能)外,总有一部分不能继续做功和传递,而以热的形式消散,这部分能量使熵的无序性增加。

　　自由能和熵是热力学中的两个状态函数,自由能是指具有做功本领的能量。在生态系统中,当能量以食物形式在生物之间传递时,其中一部分被降解为热而消散(使熵增加),其余则用于合成新组织,作为潜能而储藏下来。

　　开放系统(同外界有物质和能量交换的系统)与封闭系统性质不同,只要不断有物质和能量的输入,开放系统便可以维持一种稳定的平衡状态,生态农业系统也是一种开放系统,在能量的输入和输出上,也必然要维持一种平衡的稳定状态。

　　显而易见,热力学第二定律决定着生态系统利用能量的限度,也就是说,在一个生态系统中,当能量从一种形式转化为另一种形式的时候,转化效率绝不可能百分之百。实际上,生态系统利用能量的效率很低,绿色植物的光能利用率,在自然条件下,一般约为1%,而绿色植物所获得的能量,也不可能全被食草动物所利用,因为绿色植物在呼吸过程中及在维持正常代谢过程中,总要消耗一部分的能量。此外,它的根系、茎秆和果壳中的坚硬部分,以及枯枝落叶等,都是不能被食草动物所全部利用的。而且在已经采食的食物中,也有一部分不能消化,作为粪便排出体外。由于这些原因,食草动物所利用的能量,一般仅等于绿色植物所含总能量的1/10左右。同样,食肉动物捕食了食草动物,它所能利用的能量,也不可能等于食草动物所含有的全部能量。这也是显而易见的,因为食肉动物在捕捉食物的过程中,存在着不得食和不可食的问题,即使在已捕捉到的食物中,因为被捕食的动物本身的呼吸作用和代谢活动,必然已消耗了相当一部分的能量,同时,它的皮、毛、骨等也是不能为捕食动物所食用的,在已取食的食物中,还要有一部分不能被消化利用,而是作为粪便、尿、汗、发酵气体等排出体外。

　　这就不难看出,能量在生态系统中的流动,是沿着生产者至各级消费者的顺序逐级减少的。能量在流动过程时,一部分用于维持新陈代谢活动而被消耗,同时在呼吸过程,以热的形式散发到环境中去,只有一部分做功,用于合成新组织或作为潜能储存起来,因此在生态系统中能量传递的效率是很低的,所以能流也是越来越细。一般说来,能量沿着从绿色植物—草食动物——级肉食动物—二级肉食动物逐级流动时,通常后者所获得的能量大体上等于前者所含能量的1/10。也就是说,在流动过程中,有大约9/10的能量损失掉了。当然这只是一种粗略的计算,往往与一些生态系统的实际情况有较大的差距,但它提供了一个大致的数字概念,为更准确地研究打下了基础。

　　生态系统中的能量流动,还有一个显著的特点,即这种流动是单方向的。这是因为能量以光的形式流入生态系统以后,就不能再以光的形式,而只能以热的形式逸散于环境之中,绿色植物不能用热进行光合作用,因而它所获取的太阳能,也不能再返回到太阳。同样,食草动物从绿色植物所获得的能量,也绝不能再返回到绿色植物,食肉动物从食草动物所获得的能量也绝不能再返回到食草动物。所以,能量的流动是单向的,只能一次流过生态系统,而不是循环的,它在生态系统中是按前进的方向进行的,是不可逆的。

　　此外,生态系统中的能量流动,是借助于食物链和食物网来实现的。在食物链上,能量从一个营养级位到下一个营养级位不断逐级向前流动。例如,太阳光能被生态系统中的生产者营养级位(绿色植物)固定后,通过光合作用转变成光合产物分子中的化学能,然后,当一级消费者营养级位(食草动物)采食绿色植物时,能量流入了食草动物体内。当二级消费者营养级位(一级食肉动物)捕捉草食动物时,能量又流入一级食肉动物体内。同样,当三级消费者营养级位(二级食肉动物)捕食一级食肉动物时,能量再进一步流入二级食肉动物的体内。最后由分解者(细菌、真菌、一些原生动物和腐食性小动物)把复杂的动植物残体分解为简单的化合物,并且在分解过程中释放出能量,并最终将能量归还于环境中。食物网是生态农业系统中普遍而又复杂的现象,是生态农业系统中的营养结构,又是能量流动的主要渠道。

　　随着研究的深入和实践的发展,人们越来越觉得许多曾被认为原始和不正确的农业技术恰恰是经得起考验的、适应性强的、生态上具有合理性的农业措施。传统农业不是落后农业,有机农业的概念就是1909年美国农业农村部土地管理局局长金(F. H. King)考察中国农业数千年兴盛不衰的经验后,写下《四千年的农民》,逐渐产生的。

　　从事传统农业的农民积极寻找有效的种植技术,传统农业的科学家则建立起了食物生产系统与环境相协调的农作体系,主要包括:

　　(1)时空多样性和连续性。为了保护土壤保持稳定的食物生产和长时间的植被覆盖,而采用多熟制。它可以保证稳定和多样化的食物供应,以及食品所提供的多样化的丰富营养。多作增加了田间作物生存的时间,为天敌等有益生物提供了适宜的生存环境。

　　(2)空间和资源的最佳利用。多作使得不同生长习性的作物共同组成一个生态系统,既有利于充分利用土壤中的养分、水分,又可充分利用光能,从时间和空间上都能高效的利用自然资源。

　　(3)养分循环。生态农业生产者经常通过保持养分、能量、水分和废弃物等物质在系统内部的闭合循环来维持土壤肥力。通过从农田外收集营养物质(如人畜粪便、秸秆、草木灰和森林落叶等)来育肥土壤,或者采取轮作、粮豆间作等途径来维持土壤肥力。

　　(4)作物系统的自我调控和作物保护。不同作物和不同品种的间种、套种、混种,不仅有利于控制病虫害的发生,也有利于控制杂草的生长。栽培技术如增加覆盖、调整播期和成熟期、利用抗性品种、应用植物杀虫剂和驱虫剂,使多作系统的病虫害危害减少到最小。

　　根据这些原理研究出了许多传统农业技术,并在实践中加以应用,为生态农业的发展奠定了基础。其中,表4-3列举了一些传统农业技术的应用实例。

表 4-3　传统农业技术的应用实例

| 待解决问题 | 目标 | 技术措施 |
|---|---|---|
| 空间有限 | 环境资源和土地资源的最大利用 | 间作,农林业系统,多层次种植,垂直作物带,轮作,家庭菜园 |
| 陡坡 | 控制土壤侵蚀保持土壤水分 | 梯田,等高种植,有生命和无生命的拦截设施,地面覆盖,平整土地,连续种植和休闲覆盖 |
| 土壤肥力下降 | 保持土壤肥力和有机物质循环 | 休闲、间作或轮作豆科作物,收集枯枝落叶,增施沤肥、圈肥、绿肥,休闲田放牧,人畜粪和家庭废物还田,积肥,冲积沉积物的利用,水生杂草和泥炭的利用,带状种植豆科作物等 |
| 洪水泛滥、水分过多 | 发展综合农业 | 发展基塘农业,开沟排水 |
| 水过多 | 开渠或直接利用有效水 | 通过开渠和拦坝控制洪水,开挖凹田降低地下水位,浅水灌溉,抽水灌溉 |
| 降水无保证 | 有效水分的最佳利用 | 利用耐旱作物和耐旱品种,地面覆盖,利用雨季结束时混播短季作物 |
| 高温或辐射量大 | 改善小气候 | 减少或增加遮阳,调整株距、间苗,种耐阴作物,增加密度,地面覆盖,建树篱栅栏,调整行向,除草,浅耕,最少耕作,间作,农林系统,带状种植 |
| 病、虫、草、鼠害 | 保护作物,将有害生物量减少到最低 | 多种种植,增加天敌,人工捕捉,释放天敌,间作,轮作,种植抗性品种,围栅栏,种绿篱,采集设置有毒物,利用驱虫剂 |

现代农业技术是生态农业发展最坚强的技术支撑。凡是有利于保护环境、有利于食品安全和可持续发展的技术,如栽培技术、生物防治技术、土壤培肥技术、加工技术等都可成为生态农业的技术组合的一部分。

由此可见,生态农业是以现代科技为背景,在吸收传统农业经验的基础上,以生物学、生态学原理为指导进行科学试验,在试验中探索解决问题的办法,在研究中不断发展的新兴农业生产体系。生态农业生产技术随着生物学、生态学、土壤学的发展而发展,是在对自然规律本质认识的基础上,对人与自然关系的重新认识的结果,是传统经验与现代科技有效结合的综合技术体系。

从传统农业实践启示中获得发展的现代生态农业技术见图 4-3。

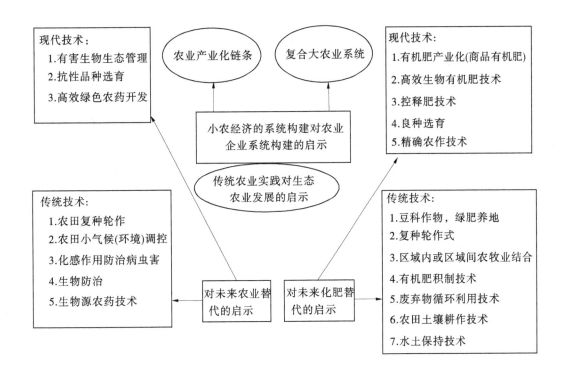

**图 4-3  从传统农业实践启示中获得发展的现代生态农业技术**

# 4.3  生态农业技术类型

应用生态学原理,根据当地的自然条件,生产技术和社会需要,可以设计、组装出多种多样的生态农业系统,结合平舆县环境特征,下面介绍具有一定代表性的技术类型。

## 4.3.1  农林立体结构生态系统类型

该类型是利用自然生态系统中各生物种的特点,通过合理组合,建立各种形式的立体结构,以达到充分利用空间,提高生态系统光能利用率和土地生产力,增加物质生产的目的。所以该类型在空间上是一个多层次和时间上多序列的产业结构。按照生态经济学原理使林木、农作物(粮、棉、油)、绿肥、鱼、药(材)、(食用)菌等处于不同的生态位,各得其所,相得益彰。既充分利用太阳辐射能和土地资源,又为农作物形成一个良好的生态环境。这种生态农业类型在我国普遍存在,数量较多。大致有以下几种形式:

(1)各种农作物的轮作、间作与套种。

农作物的轮作、间作与套种在我国已有悠久的历史,并已成为我国传统农业的精华之一,是我国传统农业得以持续发展的重要保证。根据自然条件不同,农作物种类多种多样,行之有效的轮作、间作与套种的形式繁多。

这样的种植方式,使全年均有作物在田里生长,绿肥又可肥田,因而土地利用充分,总体效益较高。

（2）农林间作。

农林间作是充分利用光、热资源的有效措施,适于平舆县的是桐粮间作。

桐粮间作主要分布于华中、华北等地区。调查表明,每亩间作 5~8 株泡桐的间作田比单种小麦田可增产小麦 17% 左右。桐树生长快,7~8 年即可成材,是出口的畅销物资。每亩间作田的经济收益比单作农田可高 50 元左右。

农林立体种植结构,大大提高了太阳能的利用率和土地生产力,是我国生态农业建设过程中的一种主要技术类型,也是值得大力推广的一种生产方式。

## 4.3.2　物质能量多层分级利用系统型

生态农业系统模拟不同种类生物群落的共生功能,包含分级利用和各取所需的生物结构。此类系统可进行多种类型和多种途径的模拟,并可在短期内取得显著的经济效益。图 4-4 是利用秸秆生产食用菌和蚯蚓等的生产设计。秸秆还田是保持土壤有机质的有效措施。但秸秆若不经处理直接还田,则需很长时间的发酵分解,方能发挥肥效。在一定条件下,如果利用糖化过程先把秸秆变成饲料,而后用牲畜的排泄物及秸秆残渣来培养食用菌,生产食用菌的残余料又用于繁殖蚯蚓,最后才把剩下的残物返回农田,收效就会好得多。虽然经过分级利用还田的秸秆有机质的肥效有所降低,但增加了生产沼气、食用菌、蚯蚓等的直接经济效益。

## 4.3.3　相互促进的生物物种共生生态系统类型

根据调研可知,平舆县年均降雨量大,地下水位浅,水系较多,某些区域如西洋店西洋潭村的汝河故道、水投集团试验田所处的蓄水湖、天水湖等。充分利用水资源优势,根据鱼类等各种水生生物的生活规律和食性及在水体中所处的生态位,按照生态学的食物链原理进行组合,以水体立体养殖为主体结构,以充分利用农业废弃物和加工副产品为目的,实现农-渔-禽综合经营的生态农业类型。这种系统有利于充分利用水资源优势,把农业的废弃物和农副产品加工的废弃物转变成渔产品,变废为宝,减少环环境污染,净化了水体。特别是该系统再与沼气相联系,用沼渣作为鱼的饵料,使系统的产值大大提高,成本更加降低。这种生态系统在江苏省太湖流域和里下河水网地区较多。例如,吴江市桃源乡水产养殖场利用水资源优势,按照生态学原理大力发展水产养殖业,实行立体养殖。几年来,他们共建精养鱼池 10 个,面积 82 亩,在池梗上栽种苏丹草、黑麦草作鱼类饵料,并在鱼池周围栽种柑橘、桃、梨树,间作蔬菜、豆类、燕麦草等。他们还利用菜籽饼、猪粪、"三六"植物作为猪、鱼饵料,塘泥和猪粪又用来肥田,既促进了果、鱼、猪业发展,又培肥了土壤,实现水生生态系统的良性循环,全村呈现粮丰、鱼跃、各业兴旺发达的景象。

## 4.3.4　多功能的农副工联合生态系统类型

生态系统通过完全的代谢过程——同化和异化,使物质流在系统内循环不息,这不仅保持了生物的再生不已,并通过一定的生物群落与无机环境的结构调节,使得各种成分相互协调,达到良性循环的稳定状态。这种结构与功能统一的原理,用于农村工农业生产布局,即形成了多功能的农副工联合生态系统,亦称城乡复合生态系统。这样的系统往往由

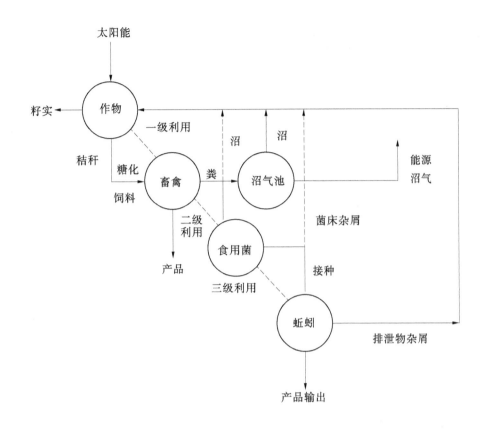

**图 4-4　作物秸秆的多级利用**

4 个子系统组成,即农业生产子系统、加工工业子系统、居民生活区子系统和植物群落调节子系统(见图 4-5)。它的最大特点是将种植业、养殖业和加工业有机地结合起来,组成一个多功能的整体。

多功能农副工联合生态系统是当前我国生态农业建设中最重要,也是最多的一种技术类型,并已涌现出很多典型。

蓝天芝麻小镇已经成功开展了此类运行模式。企业坚持以农为本,以产为核,以人为魂的发展理念,坚持特色小镇与乡村振兴两轮并驱的发展目标,坚持三产融合发展道路,规划建设成美丽乡村新社区,乡村旅游目的地,农、旅、文、商、康田园综合体。芝麻产业是平舆县五大产业之一,蓝天芝麻小镇立足于平舆县国家白芝麻原产地的基础优势和区位优势,坚持走三产融合的发展理念,把"小芝麻"做成大产业,积极推进了农业产业化进程。

蓝天芝麻小镇坚持品牌战略,提升一产效益。巩固平舆白芝麻名优品种播种面积,全面推行机械化播种、收割,强化标准化栽培管理,促产量,保质量。打造集区域种植、技术服务体系、生产加工企业、品牌策划机构和市场营销网络为一体的产业化发展格局。陆续建设游客服务中心、大型停车场、小芝麻大食堂生态餐厅、芝麻花大酒店、儿童农耕嘉年华乐园、农创空间、梨园春天、桃花源记、荷塘月色、樱花梦谷等,继续改造农家院舍,改善乡

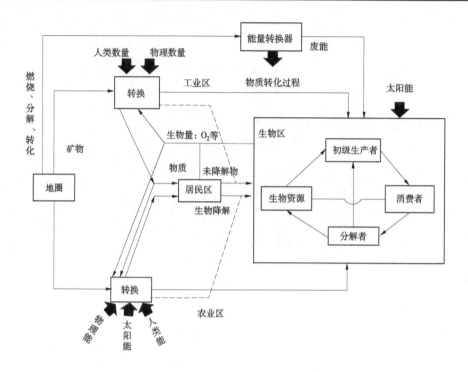

**图 4-5 多功能的农副工联合生产系统**

村旅游及人居环境。

图 4-6 为蓝天芝麻小镇盛开的荷花塘。

**图 4-6 蓝天芝麻小镇盛开的荷花塘**

上述生态农业建设过程中常用的几种技术类型,其共同特点是能把经济效益和生态效益协调地结合起来,把生物量增加、转化和维护与改善生态环境结合起来,取得较好的效果。随着生态学原理和工艺技术的进一步研究、发展,特别是对空间的利用、集约(陆地和水体)、物质的多层次、多途径转化及水陆环境的交互补偿等的进一步探索,必将创造出更多、更新的技术类型,丰富我国生态农业建设的内容。

# 4.4 适于平舆县的生态农业技术整合

## 4.4.1 种植技术

生态农业技术是基于农业三元结构(农业生态、农业技术与农业经济)作用下,农业生态与农业技术间相交叉的新兴领域。其与威廉阿尔布雷克于 1971 年提出的生态农业存在差异,生态农业技术是具有生态意义的一系列农业技术与技术体系。

若以植物生态学角度为出发点,对生态农业技术的种植结构进行分析,农作物的间种、混种、套作及轮作技术均属于该范畴,其仍蕴含以林农间作为代表的农林业技术。一般而言,以提高生态系统中的组分多样性为目标,对时空结构进行适当调整和创立,达到强化生态系统稳定性的目的,构建抗灾能力强的农业生态系统。具体而言,栽培植物群落的特殊形式是其实质,即立体栽培植物群落,其代表着农业种植结构的发展方向。

(1)立体栽培植物群落的含义与特点。

立体栽培植物群落,即以植物生理生态特征、生长型及生活型等特点为依据,结合立体环境的不同适应性,以植物生态学基本原理为指导,应用不同的配置方式和经营措施,在人工作用下,将两种及以上的植物栽种于同一区域内,营造相对应的生态环境,优化群落结构,完善物质生产系统,提高种植效率。

针对立体栽培植物群落而言,其具有以下四方面的特点:一是,以植物生态学原理为依据,结合实际情况而建设的,科学性与合理性是其基本特征;二是,以本地区的自然植物群落为出发点,结合传统人工植物群落的结构特征,以自然地理环境为指导,具有可靠性强的优势;三是,高效融合自然与人工生态经济系统的优势,有助于增加群落的生态经济效益,推动生态农业发展;四是,不再受传统农业生态系统单作和纯林结构的单调性与不稳定性的束缚与限制,逐渐实现群落空间结构的多层次和物质生产结构的多元化效果,迫使群落朝着物种多样性、复合群落方向发展,为生态农业发展提供保障。

(2)立体栽培植物群落的类型与生态分析。

以不同的划分依据,可将立体栽培植物群落分为不同的类型,本书将以两种基本的划分依据为指导,对立体栽培植物群落的类型和生态进行分析。

①以群落的时空结构为划分依据。

若以群落的时空结构为划分依据,可将立体栽培植物群落分为两大类型,具体而言,包括以下两方面:

一方面,以不同植物在生态中占据不同的空间差为依据,达到配置合理化标准,构建物质生产系统,其多层次、多功能及多途径是其基本特征。例如,针对小麦、油菜—玉米、大豆间作、桑树粮食作物间作、棉花红薯间作等,在生态学实验研究基础上,结果显示,该种群落结构形式有助于植物间的相互促进、共同生长,达到协作控制病虫危害的目的,迫使自然资源的空间异质性得到充分利用,推动植物群落光能利用率的发展,增加叶面积指数,保证物质生产效率与生产量。

另一方面,以不同植物在不同生长时期所蕴含的不同时间差为指导,采用有机组合方式,基于多系列作用下,构建能量利用的物质生产系统,保证生态农业技术得到发展。该类型以传统农业生产技术为基础,优化间套复种多熟制,迫使其达到科学化效果。针对该类型,其具有协调农业经营时间的作用,掌握植物自然生长时间的"逆差"关系,迫使劳动时间利用率得以提升,使得人工经营时间达到连续化目标。与此同时,该类型是提高土地复种指数的有效措施,保证植物生产量,为农民增收创造条件。

②以群落的种类组成特征为划分依据。

若以群落的种类组成特征为划分依据,可将立体栽培植物群落分为三种基本类型,即作物结构型、森林植物结构型及森林植物-作物结构型。

首先,针对作物结构型而言,该种立体栽培植物群落以农作物为基本构成要素,常见于我国农田生态系统中,其主要蕴含以下几种模式:第一,粮食-豆科作物组合模式,例如玉米-大豆间作。第二,经济-豆科作物组合模式,例如油菜-胡豆间作。第三,粮食-经济作物组合模式,例如棉花-红薯轮作。作物结构型抑制杂草生长的能力较强,且能较好地避免病虫危害,能实现提升土壤肥力的目标,保证农作物生产效率。

其次,针对森林植物结构型而言,该种立体栽培植物群落以林木、灌木及草木植物等为基本构成要素,其以天然森林群落结构特征为依据,以现代森林生态经济学原理为指导所构建的人工林型。例如,立体化造成工程等。森林植物结构型群落结构不再受传统林业经济理论的束缚与限制,迫使林业产业结构发生转变。具体而言,即由新型的林业生态经济结构的经营体系替代传统的木材生产结构。

最后,针对森林植物-作物结构型而言,以边缘效应理论为依据,迫使两个生态系统相互交错,其具有物种复杂多样、生产力高等特点,有助于增强其稳定性。森林植物-作物结构型基于该理论,高效融合森林生态系统与农田生态系统,迫使新型的人工栽培植物群落得以构建,为生态农业全面发展奠定基础。例如,农田防护林体系等。

#### 4.4.1.1　因土种植技术

作物的土壤生态适应性是作物因土种植的依据,也是因土种植的具体技术。

##### 1. 作物对土壤水分的适应性

农作物在生长过程中,需要消耗大量水分。每形成 1 kg 产量(干物质),一般需要蒸腾 1 t 左右的水(包括自然降水、地下供水及人工灌溉的水分)。但不同作物对水分的需要和反应差别很大,每形成 1 g 干物质需要消耗水 $300 \sim 500$ g 不等,一般 $C_4$ 作物对水分的利用率比 $C_3$ 作物高 $2 \sim 3$ 倍。$C_3$ 作物中,小麦、豆类的需水量又相对较多。结合平舆县降雨、地表水系和地下水等特征,根据不同作物对水分的适应性不同,适合种植以下类型作物:

(1)中间型。包括小麦、玉米、棉花、大豆等,既不耐旱也不耐涝,或者前期较耐旱,中后期需水较多。

(2)耐旱怕涝型。较耐旱,但怕涝,适宜在干旱地区或干旱季节生长。如谷子、黍、甘薯、花生、芝麻、绿豆、黑豆、向日葵等。

**2. 作物对土壤养分状况的适应性**

根据平舆县示范农田的调研结果,土壤缺乏有机质,但氮磷外源充足。依据作物对土壤肥瘦适应性不同,可种植以下类型作物:

(1)耐瘠型。这类作物有三种:一是具有共生固氮的豆科作物,如绿豆、豌豆及豆科绿肥(紫云英、苜蓿、苕子、田菁)等;二是根系强大、吸肥能力强的作物,如高粱、黑麦、向日葵、荞麦等;三是根系和地上部不太强,但吸肥力较强或需肥较少的作物,如大麦、荞麦等。

(2)耐肥型。这类作物根系强大、吸肥多,要求土层深厚,土壤供肥能力强,一般产量较高,如小麦、玉米及许多蔬菜等。玉米在生产盛期需肥很多,这时缺肥常常会形成空秆。

**3. 作物对土壤质地的适应性**

(1)适壤土型。壤土质地轻松,通透性良好,土壤肥力较高,适宜大部分作物生长。包括棉花、小麦、大麦、油菜、玉米、豆类、麻类、烟草、谷子、萝卜和绿肥等。其中需肥较多的小麦、玉米,则适合偏黏的壤土型。

(2)适黏土型。黏性土壤一般有机质含量较高,土壤中潜在肥力较高,但供肥缓慢,苗期起发棵性较差,如小麦、玉米、高粱、大豆、蚕豆等作物,也适宜在偏黏的土壤中生长。

**4. 作物对土壤酸碱度和含盐度的适应性**

示范点调查结果表明,耕地 pH 均低于 7,呈弱酸性,适宜以下作物:

(1)宜酸性(pH 为 5.5~6.0)作物。这类作物有黑麦、荞麦、燕麦、油菜、花生、甘薯、水稻、木薯、马铃薯、烟草、芝麻、绿豆、豇豆、羽扇豆、肥田萝卜、紫云英等。

(2)宜中性(pH 为 6.2~6.9)作物。主要有小麦、大麦、玉米、大豆、油菜、豌豆、向日葵、甜菜、棉花、高粱等。

(3)耐盐作物。耐强盐渍化土壤的作物有向日葵、蓖麻、高粱、田菁、苜蓿、苕子、紫穗槐等;耐中等盐渍化土壤的作物有水稻、棉花、黑麦、油菜、黑豆、甜菜等;不耐盐的作物有谷子、小麦、大麦、燕麦、甘薯、马铃薯、蚕豆等。

但由于 pH 过低,平舆县选择适宜作物仅应当作为暂时措施,长远看来,需要改变施肥模式,调整耕地 pH,以利于作物种植。

#### 4.4.1.2　立体种植技术

立体种植,指在同一田地上,两种或两种以上的作物(包括木本植物)从平面、时间上多层次地利用空间的种植方式。凡是立体种植,都有多物种、多层次地立体利用资源的特点。实际上,立体种植既是间作、混作、套作的总称,也包括山地、丘陵、河谷地带的不同作物沿垂直高度形成的梯度分层带状组合。当前已成为提高土地利用率,促进农作物高产、高效、持续增产的重要技术措施。

农作物立体种植大致包括间作、混作、套作、轮作四类。

(1)间作。是指在同一田地上,同时或同一季节分行或分带相间种植两种或两种以上作物的种植方式。所谓分带是指间作作物成多行或占一定幅度的相间种植,形成带状,构成带状间作,如 4 行棉花间作 4 行甘薯,2 行玉米间作 4 行大豆等。间作因为成行或成带种植,可以实行分别管理。特别是带状间作,较便于机械化或半机械化作业,与分行间作相比能够提高劳动生产率。

农作物与多年生木本植物相间种植,也称间作,也有叫"多层作"的。采用以农作物为主的间作,叫农林间作,以林(果)为主间作农作物的,叫林(果)农间作。

间作实际上是不同作物在田间构成人工复合群体,个体之间既有种内关系,又有种间关系。

(2)混作。是指在同一块田地上,同期混合种植两种或两种以上作物的种植方式。混作与间作都是于同一生长期内由两种或两种以上的作物在田间构成复合群体,是集约利用空间的种植方式。但混作在田间一般无规则分布,可同时撒播,或在同行内混合、间隔播种,或一种作物成行种植,另一种作物撒播于其行内或行间。混播的作物相距很近,但因在田间分布不规则,不便于分别管理。生产上要求混种的作物的生态适应性一致或相似。

(3)套作。是指在前作物生长后期的株行间播种或移栽后季作物的种植方式,也叫套种、串种。如于小麦生长后期每隔3~4行小麦播种一行玉米。套作不仅能阶段性地充分利用空间,更重要的是延长后作物对生长季节的利用,提高复种指数,提高年总产量。套作是"老少结合",而间作则是"兄弟结合"。

间作、套作与单作、混作等种植方式不同,四种种植方式如图4-7所示。

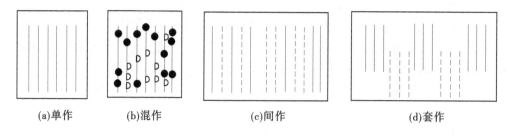

(a)单作  (b)混作  (c)间作  (d)套作

**图4-7  作物种植方式示意图**

(4)轮作。是指在同一块田地上有顺序的轮换种植不同作物的种植方式。如在一年一熟条件下的大豆-小麦-玉米三年轮作,这是在年间进行的三年作物轮作。在一年多熟情况下,则既有年间轮作又有年内轮种,如应用于南方的绿肥-水稻-水稻,油菜-水稻-水稻,小麦-水稻-水稻轮作,这种轮作由不同的复种方式组成,又称为复种轮作。

1. 平舆县适宜的间作类型

农田间作是我国各地作物生产中普遍采用的一种方式。高农田间作是我国各地作物生产中普遍采用的一种方式。通过高秆与矮秆、喜光与耐阴及具备营养异质互补特性的作物合理组配,达到对光、温、水、土等资源的集约高效利用。用于间作的作物包括了大田作物、瓜菜及果树等。主要间作方式及应用地区如表4-4所示。

1)花生与芝麻间作

花生与芝麻间作以花生为主作物。花生、芝麻都是夏季作物,但芝麻易受不良气候条件的影响,如遇连阴雨,经常造成大幅减产甚至绝收;相对来说,花生受不良气候条件的影响较小,在稳定性上优于芝麻。基于花生和芝麻生长空间的差异,将两种作物进行间作。以花生为主作物,花生、芝麻间行比为6:3的模式较为合理,可比单作花生或芝麻增收1 050元/hm² 以上。

表 4-4　我国作物生产中的主要间作类型

| 间作方式 | 分布地区 |
|---|---|
| 玉米‖豆类 | 广泛分布于玉米产区 |
| 玉米‖薯类 | 广泛分布于华北、西南和西北地区 |
| 玉米‖花生 | 分布于西南和华北地区 |
| 小麦‖玉米 | 分布于河西走廊、雁北、陕北、东北、河套等地 |
| 春小麦‖豆类 | 分布于东北地区 |
| 棉花‖花生 | 分布于黄淮海棉区 |
| 农林间作 | 全国各地 |

注：‖代表间作。

2）玉米与花生间作

玉米与花生间作一般以花生为主。玉米、花生的行比多为 2∶6 或 2∶8。由于玉米、花生间作，花生要求肥力条件较高，同时耐阴力弱，要求较好的光照条件，所以玉米株型应以中矮秆早熟为宜。

3）玉米与豆类间作

玉米与豆类间作历史久远，其应用也最为广泛。豆类主要是大豆，其次是花生，也有少量绿豆、赤豆、黑豆、豇豆、菜豆、蚕豆等。这种类型不仅具有一定的增产效果，并且还可以充分发挥豆科作物培肥地力的作用。把小面积的豆科作物分散到各种禾谷类作物中去，既不会太影响粮食产量，又能充分发挥豆科作物生物固氮、调节碳氮比、促进微生物活动、培肥地力的作用，特别是在低水肥条件下玉米豆类间作的增产和养地效果更为明显。以玉米间作大豆为例，玉米属禾本科、须根系，株高，叶窄长，为需氮肥多的 $C_4$ 植物（光合作用中同化二氧化碳的最初产物是苹果酸或天门冬氨酸），而大豆属豆科，直根系，株矮，叶小而平展，为需磷钾多的 $C_3$ 植物（光合作用中同化二氧化碳的最初产物是三碳化合物 3-磷酸甘油酸），较耐阴。两种作物共处，除密植效应外，兼有营养异质效应、边行优势、补偿效应、正对等效应，能全面体现间作复合群体的各种互补关系。

玉米与大豆间作有两种模式，以玉米为主的模式和以大豆为主的模式。在以玉米为主时，理论模式是玉米密度不减，增种大豆。玉米与大豆的行比为 2∶6，这样玉米可以发挥边行优势的范围。玉米的行距和株距应比单作适当缩小。由于玉米根系吸收营养的范围一般为 0～20 cm，所以行距宜在 40 cm 左右，株距也可缩小到 13～20 cm。具体如何安排行株距，应以品种特性而定。对于株型紧凑型品种，可适当压缩，而松散型品种可适当加大。大豆如果为 2 行，行距比单作略小，如果为 3 行，行距可与单作相同，一般掌握在 33～50 cm。生产实践证明，以玉米为主的间作，可在玉米产量比单作不减或基本不减的基础上，增收几十千克大豆，增产 10%～30%，而且增产效果与地力有关，地力越薄增产幅度越大。

4）麦类间作

平舆县为一熟有余,两熟不足地区,多属春麦区,小麦收获后剩余两个多月的无霜期,而采用生育期不同的作物间作可充分利用生长季节。小麦、玉米间作是这一地区应用较为适宜的方式。

小麦、玉米间作的种植模式一般为带宽1.5~2 m,玉米2行,小麦4~6行。小麦行距20 cm,玉米行距35 cm,玉米行与小麦行的间距也保持在35 cm左右。

2. 平舆县适宜的套作类型

套作具有充分利用时间和空间的意义,在生产上,套作比间作、混作有着更为明显的增产作用。我国套作类型中,以麦田套作面积最大。各种套作方式及分布地区如表4-5所示。

表4-5　我国作物生产中主要套作类型及分布区域

| 套作类型 | 分布区域 |
|---|---|
| 小麦、花生 | 黄淮海地区、长江中下游地区 |
| 小麦、玉米、甘薯 | 南方丘陵旱地 |
| 小麦、瓜菜 | 黄淮海地区 |
| 棉花、瓜菜 | 各地棉区 |

1）小麦、花生、芝麻立体套作

为避免三种作物相互影响,尽量缩短它们的共生期。小麦选用晚播早熟的豫麦18等,芝麻选用适宜稀植的皖芝1号、豫芝11号和豫芝4号等,花生选用丰花1号、鲁花9号等。间套方式:播种小麦时,每行预留25~30 cm空当,以便种芝麻,如果是机播,每隔2行堵1个耧眼,以便麦垄点播花生。播量:小麦97.5~112.5 kg/hm²,花生150.0~187.5 kg/hm²,芝麻3.75 kg/hm²。小麦于10月15~25日为适播期。尽量机播(1耧6行);于小麦收获前15 d左右麦垄点播花生,若墒情不好,应浇水后再点播,这样既有利于花生出苗,又有利于小麦后期生长;小麦收获后,用土耧播芝麻(1耧3行,播时堵两边的耧眼)。由于芝麻是每隔6行麦种1行,行距较大,所以株距15 cm即可。

2）小麦、玉米套作

依各地的积温状况不同,小麦玉米套作又可分为两种。

(1)窄背晚套。该模式主要在≥10 ℃积温大于4 100 ℃,复种玉米也可以成熟,但热量仍较紧张的地区适用。要求在小麦播量、产量不受影响的前提下,通过套种保证玉米所需积温,使玉米稳产和增产。其理论模式是:玉米按栽培特性确定行距,宽窄行或等行距。小麦播种时依据夏玉米所需行距预留出套种行,套种行的宽度只要能够进行套种作业即可。预留套种行之间的小麦行距和行数依小麦品种丰产要求而定。在小麦收获前10 d左右套种玉米,使小麦收获时玉米正值三叶期。因为玉米在三叶期以前主要由种子根来吸收水分和养分,而次生根尚未形成,这样可减少小麦对其抑制作用。

具体田间配置为:小麦采用"三密一稀"(大穗大粒型品种采用)或"四密一稀"(矮秆

小穗型品种采用);麦行中预留玉米套种带的具体宽度,应依据套种工具而定,一般在 35 cm 以内;套种玉米的行距确定时,如采用紧凑型玉米种,一般多为等行距且行距较窄,而松散型品种则行距较宽或采用宽窄行;套种时期一般在麦收前 10 d 左右进行,具体应视当地灌水、积温、劳力等情况而定。配置方式如图 4-8(a)所示。

(2)宽背早套:在≥10 ℃积温为 3 600~4 100 ℃的地区,套种的玉米必须适当提前,以使中晚熟品种能安全成熟,提高玉米产量。其理论模式为:玉米早套的具体时期,依补足当地麦收后直播夏玉米所缺少的积温为标准,但套种的最早时期不能使玉米在麦行中进行穗分化,以免小麦影响玉米穗分化进程,降低玉米产量。该种方式由于小麦、玉米共生期较长,玉米必须套种在预留的套种带上,每套种带种双行玉米。双行玉米之间的行距应在 40 cm 左右。确定套种玉米的宽行应使全田玉米平均行距不超过单作玉米的最大可能行距,这样有利于保证玉米亩株数。玉米的最小株距可为 13~20 cm。套种带之间的小麦行数和行距,依据地力和小麦品种特性而定,地力高的,可成畦种植,行数较多;地力差时,可种在沟底,行数较少。小麦的边行应加大播量,以加大边行优势。配置方式如图 4-8(b)所示。

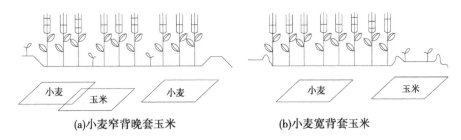

(a)小麦窄背晚套玉米　　　　　　(b)小麦宽背套玉米

**图 4-8　小麦、玉米示意图**

3)小麦、花生带状套种

小麦、花生带状套种,配置方式如图 4-9 所示。

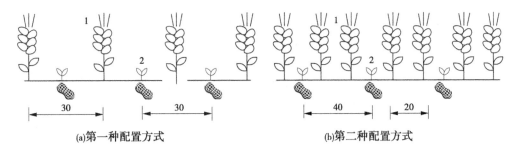

(a)第一种配置方式　　　　　　　(b)第二种配置方式

1—小麦;2—花生

**图 4-9　小麦、花生套种示意图**　(单位:cm)

第一种配置方式:每 30 cm 为一带,小麦与花生相间配置。小麦播种时采用畜力机播耧,行距定位 30 cm,重耧复播,加宽播幅。麦收前 15 天左右,两麦行中间点种一行花生,行距 30 cm,穴距 22~28 cm,每穴 2 粒,12 万~15 万穴/hm²,如图 4-9(a)所示。

第二种配置方式:每 40 cm 为一带,2 行小麦 1 行花生。小麦行距 20 cm,麦收前 10 d

左右,每隔2行小麦点种一行花生,行距40 cm,穴距16~21 cm,每穴播2粒,每公顷12万~15万穴,如图4-9(b)所示。

实施时应注意:①小麦选用矮秆、抗逆性强的品种,花生选用早、中熟品种;②小麦应浇好灌浆水,以保证花生一播全苗;③麦收后及时中耕灭茬和追施花生提苗肥(复合肥112~150 kg/hm²);④在花生生育期间适时喷施植物生长延缓剂B₉,以防徒长。

小麦、花生套种一年两种两收,一般每公顷产小麦3 750~5 250 kg、花生3 000~4 500 kg。

第一种配置方式适宜于小麦高产区推广应用,第二种配置方式适宜于小麦中产区推广应用。

4)小麦、芝麻、玉米间作套种

芝麻、玉米间作套种结构如图4-10所示。

选用大(小)麦早熟品种,于11月上中旬播种。在次年5月中下旬大(小)麦收割后,立即整地、施肥、作畦播种芝麻,畦宽1.3 m,采用条播,每畦种3行,行距40~50 cm,株距17~20 cm。立秋前在芝麻行间套种2行秋玉米,行距50~60 cm,株距25 cm。白露前后收芝麻,霜降至立冬收秋玉米。实施时应注意:

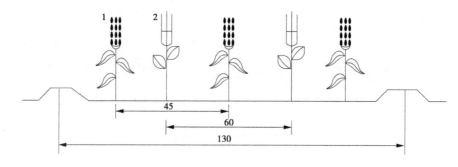

1—芝麻;2—玉米

图4-10　芝麻、玉米间作示意图　(单位:cm)

(1)选择地块和品种。宜选择向阳高燥,土壤疏松透水、肥力中上等的田块,因芝麻忌涝、忌黏土、忌连作、喜温,所以应与禾本科或豆科作物轮种。芝麻品种宜选用成熟期早且一致、株型直立、分枝少、茎秆坚硬的少分枝型或单干型品种。

(2)精细播种。抢时间抓早播,既有利于增产,又缩短与后期作物的共生期。前期作物收后,立即犁耕整地,清除残茬杂草,施入基肥,土壤要保持一定墒情。

(3)秋玉米前后茬季节紧张,要采用营养钵育苗。大暑播种,立秋前移栽。移栽时穴要较深,边挖穴、边施肥、边移栽,防止土壤干燥。秋玉米施肥要掌握"适施基肥,早施苗肥、重施穗肥、巧施粒肥"的原则。要防治好黏虫、玉米螟、叶斑病、基腐病等病虫害,确保丰收。

这种间作套种模式比麦、豆、玉米间作收益高,产值可达到6 000~7 500元/hm²。

此种模式适用于南方丘陵旱地,也可以组合成麦、芝麻、豆和麦、芝麻、甘薯等种植方式。

5）小麦、玉米、花生间作套种（2 m 一个带）

小麦在 10 月下旬至 11 月上旬播种，次年 5 月下旬收割。春玉米一般可在 3 月底 4 月初播种，7 月中下旬收获。花生在 6 月上旬播种、10 月下旬收获。冬耕犁耙后作畦，畦宽 1.8~2.0 m。冬种时在畦两边 55~65 cm 畦幅上各种 2 行小麦，条幅 17~20 cm，行距 20~23 cm。畦中间 65~70 cm 畦幅播种绿肥。4 月上中旬翻埋绿肥作玉米基肥，然后移植春玉米，种 2 行，行距 45~50 cm。麦收后 6 月上中旬在玉米两侧畦面套种 4 行花生，行距 30~40 cm，种双株，如图 4-11 所示。

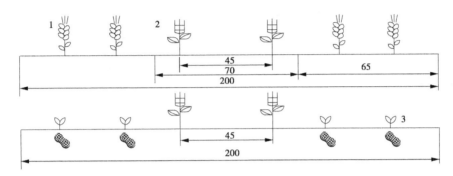

1—小麦;2—玉米;3—花生

**图 4-11　小麦、玉米、花生间作套种示意图**　（单位:cm）

实施时应注意:玉米提早育苗，进行移栽，培育壮苗，促使早熟，缩短与前后作物的共生期;花生要适时播种，合理密植，播种过早，玉米共生期长，遮阴时间长，苗易徒长;播种过迟，生育期缩短，营养体小，嫩荚多，影响产量，一般与玉米共生期为 30~45 d 为宜。种植密度要适宜，行距、株距一般(27~30)cm×(23~25)cm 或行距 40 cm 种双株。同时要注意改善通风条件，玉米生长后期剥除下部枯叶、老叶，增加株间通透性。雄穗抽出 1/3 时进行隔行(隔株)去雄。玉米收获后秸秆尽快还田，并对花生培土、加强管理。

春玉米与花生间作套种获得粮食和油料。花生平均每公顷 1 867 kg，玉米每公顷 6 581 kg，加上春粮，全年粮食产量 9 281 kg/hm²。

这种旱作三茬套种模式在南方旱地和北方水浇地都适宜推广种植。

6）小麦、玉米、花生间作套种（3.2 m 一个带）

小麦、玉米、花生间作套种，以 3.2 m 宽为一个带进配置。

10 月播种小麦，行距 20 cm;5 月中下旬每隔 2 行小麦在其麦行间点种一行花生，行距 40 cm、穴距 20 cm、每穴两粒，9.45 万穴/hm²。每隔 6 行花生种 2 行玉米，玉米行距 40 cm，株距 50~60 cm，双株留苗，玉米与花生间距 40 cm，如图 4-12 所示。

实施时应注意:

(1)小麦要选用矮秆、抗倒、早熟品种;玉米选用矮秆、竖叶型、耐旱、中熟品种;花生选用结荚集中的直立型品种。

(2)玉米应扩大株距，双株留苗;花生要适当增加密度。

(3)根据土壤肥力情况，掌握玉米与花生行比。薄地宜采用 2:8，中上等肥力的地块应以 2:6 为宜。

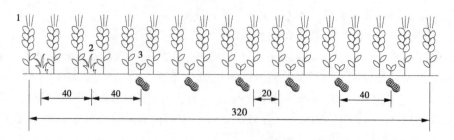

1—小麦;2—玉米苗;3—花生

**图 4-12　小麦、玉米、花生间作套种示意图**　（单位:cm）

（4）玉米靠宽行一侧授粉后采取人工撕叶,减少对花生的遮阴。

（5）玉米、花生播种期可适当错开。玉米适当晚播,减少对花生苗期花芽分化的影响,有利于花生生长发育。

（6）玉米心叶末期和授粉后应及时防治玉米螟,花生也应注意及时防治病虫害。

小麦、玉米、花生间作套种,一年三种三收,一般每公顷产小麦 3 000~4 500 kg、玉米 2 250~3 000 kg、花生 2 700~3 750 kg。

这种模式适用于南方旱地和北方水浇地。

7）小麦、西瓜、花生间作套种

小麦、西瓜、花生间作套种,如图 4-13 所示。

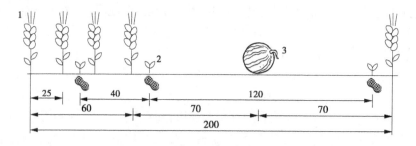

1—小麦;2—花生;3—西瓜

**图 4-13　小麦、西瓜、花生间作套种示意图**　（单位:cm）

每 2 m 为一带,播种 4 行小麦,行距 20 cm,留 1.4 m 空当,早春整地、施肥、保墒。4 月下旬随覆盖地膜随挖坑移栽(可考虑开发秸秆覆膜)2 行西瓜,行距 2 m,株距 50 cm, 9 900 株/hm²。5 月 20 日左右在中间麦垄和空当两边各点种 1 行花生,窄行 40 cm、宽行 1.2 m,穴距 20 cm、每穴 2 粒、7.5 万穴/hm²,如图 4-13 所示。

实施时应注意:①小麦选用冬性或半冬性、矮秆、早熟品种,适时早播,加强田间管理。②西瓜 3 月中旬育苗、4 月中下旬覆膜移栽;西瓜移栽前用"农抗 120"200 倍液灌苗床,湿透钵体,防治西瓜枯萎病;西瓜与花生共生期间,应及时拉蔓整枝,以免影响花生生长。③花生选用中熟品种,麦收后及时中耕灭茬。花生每公顷追施复合肥 300~375 kg 或尿素 120 kg 左右、磷肥 375 kg。花生主茎高度超过 30 cm 时,可喷施植物生长延缓剂 $B_9$,防止徒长。

这种模式一年三种三收,一般每公顷可产小麦 2 250~3 750 kg、西瓜 3 万~4.5 万 kg、花生 1 500~2 250 kg。

这种模式在水肥条件较好的小麦、花生种植区均可推广。

8) 以粮为主、间套瓜菜

蔬菜种类甚多,有的生长期短;有的植株矮小;有的随时可以收割,如叶菜类。这为进一步集约利用耕地提供了可能。如在小麦套玉米的基础上,可在套种玉米前,于小麦宽畦背上种菜、饲料作物等,或在小麦收获后,在玉米大行间种菜、瓜、油菜等作物,或以上两季间作同时采用。在麦行中套作的蔬菜一般为越冬蔬菜,如菠菜、大蒜、蒜苗等。间作物与小麦的间距宜利于田间作业即可,本着"挤中间、空两边"的原则予以适当缩小。小麦收获后,在玉米行间可种植的作物有早熟黄瓜、花椰菜、芸豆、菜豆等;饲料作物有甘薯、谷子、绿豆等。

9) 农田复种

套作是在积温满足一熟有余、两熟不足,或两熟有余、三熟不足情况下实现复种的方式。在积温充足时,则可在上茬作物收获后,直接播种下茬作物,通常所说的复种即指这种方式。这种方式虽然存在农耗,但田间操作简单,且利于机械化。我国农业生产中的主要复种方式及其对积温、水分、养分的需求如表4-6所示。需要指出的是,由于降雨量存在季节分配不均的问题,采用农田复种还需要具备一定的灌溉条件。

表 4-6  主要复种方式及对积温、水分、养分要求

| 复种方式 | 要求积温<br>(≥10 ℃) | 适宜分布区积温<br>(≥10 ℃) | 需水量<br>(mm) | 需施氮肥<br>(kg/hm²) |
|---|---|---|---|---|
| 小麦-谷糜 | >3 000 | 3 000~3 300 | 650~900 | 150~188 |
| 小麦-玉米 | >4 100 | 4 100~4 500 | 700~900 | 225~300 |
| 小麦-大豆 | >4 200 | 4 200~4 500 | 700~1 000 | 112~150 |
| 小麦-棉花 | >4 400 | 4 400~5 500 | 700~1 000 | 188~225 |
| 小麦-甘薯 | >4 200 | 4 200~4 500 | 650~900 | 225~300 |

3. 平舆县适宜轮作类型

轮作换茬的作用很多,归结起来主要有两个方面:一是实现用养结合;二是消除病虫草害。其实,消除病虫草害是针对连作而言的。根据不同作物对连作的反应,可将作物分为忌连作的作物和耐连作的作物。忌连作的作物又可分为两种耐连作程度稍有差异的亚类:一类以茄科马铃薯、烟草、番茄,葫芦科的西瓜及亚麻、甜菜等为典型代表,它们对连作反应最为敏感。这类作物连作时,作物生长严重受阻,植株矮小,发育异常,减产严重,甚至绝收。其忌连作的主要原因是,一些特殊病害和根系分泌物对作物有害。据研究,西瓜怕连作则被认为是根系分泌物—水杨酸抑制了西瓜根系的正常生长。这类作物需要间隔五六年以上方可再种。另一类豆科的豌豆、大豆、蚕豆、菜豆、麻类的大麻、黄麻、菊科的向日葵、茄科的辣椒等作物为代表,其对连作反应的敏感性仅次于上述极端类型。一旦连作,生长发育受到抑制,造成较大幅度减产。这类作物宜间隔三四年再种植。

耐连作的作物又可分为耐短期连作作物和耐连作作物。前者如甘薯、紫云英、苕子等

作物,这类作物在连作二三年受害较轻;后者如玉米、麦类及棉花等作物。

1)大田作物轮作

根据平舆县气候地理特征,可采用的轮作形式如表4-7所示。

表4-7　我国农业生产中的主要轮作类型及分布区域

| 轮作方式 | 分布区域 |
|---|---|
| 小麦→玉米→甘薯 | 黄淮海地区 |
| 小麦→玉米 | 黄淮海地区 |
| 小麦→玉米→棉花 | 黄淮海地区 |
| 小麦→玉米→小麦→豆类 | 黄淮海地区 |
| 小麦→玉米→小麦→夏谷 | 黄淮海地区 |

棉花本是耐连作的作物,但由于近些年来,尤其是黄淮海棉区,枯、黄萎病发生较为严重,使棉田轮作的重要性日益显现出来。在北方棉区,一般采用小麦、玉米与棉花轮作。在河南省所做试验表明,棉田改种小麦、玉米1年,枯、黄萎病的发生率可降低46.9%;改种两年,降低60.8%;改种三年则达67.1%。在黄淮海平原的高产农田,小麦、玉米轮作的面积最大;而在肥力中下等的农田,则多加入谷子、花生或大豆组成两年或三年轮作制。

2)蔬菜轮作

蔬菜品种多,生长周期短,复种指数高,科学地安排菜园茬口,可恢复与提高土壤肥力,减轻病虫危害,增加产量,改善品质,是一项极其重要并且极为有效的农业增产措施。实行蔬菜合理轮作,应遵循以下原则:

(1)充分利用土壤养分。如青菜、菠菜等叶菜类需要氮肥较多,瓜类、番茄、辣椒等果菜类需要磷肥较多,马铃薯、山药等根茎类需要钾肥较多,把它们轮作栽培,可以充分利用土壤中的各种养分。

(2)减轻病虫草害。不同种类的作物轮作,能改变病虫草害的生活条件,达到减轻病虫草害的目的。如粮菜轮作、水旱轮作,可以控制土传病害;葱蒜类后种大白菜,可大大减轻软腐病的发生;一些生长迅速或栽培密度大的蔬菜,如甘蓝、豆类、马铃薯等,对杂草有明显的抑制作用,而胡萝卜、芹菜等发苗慢,叶小的蔬菜,易滋生杂草,将这些蔬菜轮换栽种,可明显减轻草害。

(3)合理确定轮作年限。根据各种蔬菜对连作的效应不同,其轮作年限也各不相同。例如,白菜、芹菜、花菜、葱、蒜等在没有严重发病地块可连作几茬;西瓜需隔1~2年后再种;马铃薯、山药、生姜、黄瓜、辣椒等则需隔2~3年再种;番茄、芋头、茄子、香瓜、豌豆等需隔3年以上。

不同类型作物茬口特性:

(1)抗病与易感病类作物。禾本科作物对土壤传染的病虫害的抵抗力较强,比较耐连作。茄科、豆科、十字花科、葫芦科等作物易感染土壤病虫害,不宜连作。在轮作中,要坚持易感病作物和抗病作物相轮换的原则,同科、同属或类型相似的作物往往感染相同的病害,要尽量避免它们之间的连续种植。同一作物的不同品种抗病能力不同,因此选用抗病品种,进行定期或不定期的品种轮换也是防治作物病害的重要方法,尤其是对防治流行性强的气传病害(如水稻稻瘟病、小麦锈病和白粉病)、土传病害(如多种作物的线虫病、萎蔫病)及其他方法难以防治的病害(如小麦、水稻、烟草的病毒病)更加经济有效,但要实行几个抗病性不同的品种搭配和轮换种植,避免优势致病生理小种的形成,并造成作物群体在遗传上的异质性或多样性,能对病害流行起缓冲作用,不至于因病害而造成全面减产。

(2)富氮类作物。主要是豆科作物,包括多年生豆科牧草,一年生豆科绿肥和豆科作物。由于它们对土壤增氮和平衡土壤氮素的作用,成为麦类、玉米、水稻及各种经济作物的良好前作,表现不同程度的增产作用。

(3)富碳耗氮类作物。禾本科作物属此类,主要包括水稻和各种旱地谷类作物如小麦、玉米、谷子、高粱等。它们一般从土壤中吸收的氮素比其他作物多,在一般产量水平下,比大豆多吸收 1 倍甚至更多。氮吸收量中的 10% ~ 12% 可以残茬根系的形式归还土壤,种植这些作物后,若不施氮肥,土壤氮平衡是负的。

由于富碳耗氮作物的病害相对较少较轻,是易感病作物的良好前作。这类作物耗氮较多,其前作以豆类作物、豆科绿肥为好。禾、豆轮作换茬,相互取长补短,有利于土壤碳、氮平衡。

(4)半养地作物。这类作物主要包括棉花、油菜、芝麻、胡麻等。它们虽不能固氮,但在物质循环系统中返回田地的物质较多,因而可在某种程度上减少对氮、磷、钾养分的消耗或增加土壤碳素。因此,油菜茬在南方是水稻的良好前作;在北方,油菜茬是高产作物玉米及棉花的好前作。芝麻茬口早,土壤水分和土壤速效养分高,是小麦的好前作。

油菜、芝麻病害较多,不宜连作。棉花在枯、黄萎病已被控制的情况下,比较耐连作,产量和品质也都较好。

(5)密植作物与中耕作物。这两类作物在保持水土、改善耕层土壤结构方面的功能差异悬殊,具有截然不同的茬口特性。密植作物如麦类、谷子、大豆、花生以及多年生牧草等,由于密度大,枝叶茂密,覆盖面积大、时间长、强度增加、能缓冲雨滴特别是暴雨拍击地面,保持水土和改善土壤结构作用较好。而中耕作物如玉米、高粱、棉花等,行株距较大,覆盖度较小,经常中耕松土,连年种植,常促使土壤结构破坏,导致径流量和冲刷量的加大,从而引起土壤侵蚀,造成土壤、土壤水分和土壤养分的丢失。在丘陵、山区的坡地农田,应尽可能避免中耕作物长期连作。如非连作不可,最好与密植作物间、混作,并采用等高线种植法。

(6)休闲在轮作中的地位。休闲是在田地上全年或可种作物的季节只耕不种或不耕不种以息养地力的土地利用方式。休闲可分为以下类型:全年休闲和季节休闲两种类型,其中季节休闲又可分为夏季休闲和冬季休闲,冬季休闲又有冬晒和冬泡两种类型。

休闲的主要作用是:通过土壤的冻融交替和干湿交替,改善土壤的物理性状,加速有机质矿化分解,提高土壤有效肥力;通过耕耙作业蓄水保墒,提高土壤水分含量,增强抗旱能力;通过休闲消除病虫,减少有毒物质。休闲还是许多作物的好茬口,如在南方地区,冬季休闲地主要用来种植水稻。但休闲也浪费了宝贵的光、热、水、土资源。

3)轮作中茬口顺序的安排

(1)原则:瞻前顾后,统筹安排,前茬为后茬,茬茬为全年,今年为明年。

(2)把重要作物安排在最好的茬口上。由于作物种类繁多,必须分清主次,把好茬口、优先安排优质粮食作物和经济作物,以取得较好的经济效益和社会效益。对其他作物也要全面考虑,以利于全面增产。

(3)考虑前、后作物的病虫草害及对耕地的用养关系。前作要为后作尽量创造良好的土壤环境条件,在轮作中应尽量避开相互间有障碍的作物,尤其是相互感染病、虫、草害的作物要避开。在用养关系上,不但要处理好不同年间的作物用养结合,还必须处理好上下季作物的用养结合;一般含富氮作物的轮作成分在前,含富碳耗氮作物的轮作成分在后,以利氮、碳互补,充分发挥土地生产力。

(4)严格把握茬口的时间衔接关系。一般先安排好年内的接茬,再安排年间的轮换顺序。为使茬口的衔接安全适时,必须采取多种措施,如合理选择搭配作物及其品种,采取育苗移栽、套作、地膜覆盖和化学催熟等,这些措施均可促使早熟,以利及时接茬,最好还能给接茬农耗期留有一定余地。

4.适宜平舆县的连作技术

不同作物对连作的反应不同,主要分为三大类:

(1)忌连作的作物。对连作反应最敏感的作物,以茄科的马铃薯、番茄,葫芦科的西瓜等为典型的代表。

(2)耐短期连作的作物。如甘薯等作物,对连作反应敏感性属于中等类型,生产上常根据需要对这些作物实行短期连作。

(3)耐连作的作物。这类作物有玉米、麦类及棉花等作物。它们在采取适当的农业技术措施的前提下耐连作程度较高,其中以棉花的耐连作程度最高。

导致连作危害的原因主要有两方面:①化学原因。包括营养物质的偏耗和有毒物质的积累。②生物因素。土壤生物学方面造成的作物连作障碍主要是伴生性和寄生性杂草危害加重,某些专一性病虫害蔓延加剧及土壤微生物种群、土壤酶活性的变化等。

针对连作的危害,常采用以下技术进行消除:

(1)物理技术。采用烧田熏土、蒸汽消毒、激光处理及高频电磁波辐射等进行土壤处理,杀死土壤病菌、虫卵及草籽,消灭土壤中的障碍性微生物,减少土壤毒质,可使连作受害减轻。

(2)化学技术。通过及时补施足量化肥和有机肥的办法,有效地控制土壤养分不平衡现象;用现代植保技术予以缓解因病虫草害及土壤微生物区系变化等生物因素造成的连作障碍。

(3)农业技术。通过合理的水分管理,冲洗土壤毒质;实行水旱轮作,改变农田生态环境,均可有效地防止多种连作障碍出现。选用抗病虫的高产良种,并实行有计划的品种轮换,也可缓解连作障碍的形成,使连作年限适当延长。

## 4.4.2 "三沼"综合利用技术

沼气发酵是由众多微生物参与的复杂生化过程。在沼气发酵过程中,几乎所有沼气发酵原料都被消化,一部分物质转化为沼气微生物菌体和代谢物,另一部分物质作为残渣沉淀下来,这就是沼气发酵产物——沼渣和沼液。沼液、沼渣统称沼肥。沼气、沼液、沼渣简称"三沼"。沼肥中氮、磷、钾齐全,还含有腐殖酸、生长激素、维生素等多种微量元素和17 种氨基酸等物质,以及其他对动、植物生长有利的成分。由于它是在密闭的发酵池内发酵沤制的,水溶性大,养分损失少,虫卵病菌少,具有营养元素齐全、肥效高、品质优等特点。沼肥的养分形态既有速效型,又有迟效型,连续施用对改善土壤结构、提高地力有显著效果。同时,沼肥也是生态农业生产的理想用肥。

"三沼"综合利用是指将沼气、沼液、沼渣运用到生产中的过程,是农村沼气建设中降低生产成本、提高经济效益的一系列综合性技术措施(见表4-8)。其范围涉及种植业、养殖业、加工业、服务业、仓储业等诸多方面。它对促进农村产业结构调整、改善生态环境、提高农产品的产量和质量、增加农民收入、实现可持续发展具有重要的意义。

**表 4-8　沼肥综合利用项目简介**

| 沼肥 | 种植业 | 养殖业 | 其他行业 |
|---|---|---|---|
| 沼气 | 塑料大棚增温,增二氧化碳 | 孵化禽蛋,幼禽增温,点灯诱蛾,养鸡、养鸭、养鱼、蚕房增温 | 储粮、果实保鲜、火补轮胎,沼气冰箱,发电,金属焊接、切割,医药化工原料,烤烟,烘干 |
| 沼液 | 浸种,页面喷肥,农作物底肥,追肥,拌营养土,配制土农药,保花、保果剂,无土壤培养液,窖酒,生产食用菌,配方滴灌 | 养鱼、养猪、养鸡、养鸭、养牛 | 种植花卉,苗木生产 |
| 沼渣 | 种粮、棉、油、菜、瓜果,生产食用菌 | 养鱼、养猪、养鳝鱼、养泥鳅、养蚯蚓 | 种植花卉,苗木生产 |

近年来,农业技术人员在开发"三沼"综合利用上取得很大成效。沼液、沼渣可作饲料、饵料,发展畜牧和渔业生产;可作肥料,生产无公害(无污染)的粮、菜、果和经济作物;可代替部分农药,浸种、拌种、防治病虫害;可作培养基,生产食用菌;还可繁殖蚯蚓,为畜禽提供高蛋白饲料。沼气本身的利用也有了很大发展,除用于直接发电或油气混烧发电,亦可用于储粮灭虫及保鲜等,形成了种植业、能源加工工业,尤其是养殖业等多环节、多层次的综合利用良性循环,成为一个高效益的新兴产业。

#### 4.4.2.1　沼气的综合利用

##### 1. 沼气的作用

沼气的开发与利用,在发展新能源建设中占据很重要的地位。沼气利用已由过去单纯用作炊事燃料和照明的生活领域向生产领域发展。沼气系统本身的功能也日益拓宽,它已成为一个具有能源、生态、环保和其他社会效益的多功能综合系统,其经济效益日益提高。

2.沼气利用模式

1)沼气作为环境气体调制剂

沼气作为一种环境气体调制剂(简称气调剂),用于果品、蔬菜的保鲜储藏和粮食、种子的灭虫储藏,是一项简便易行、投资少、经济效益显著的实用技术。沼气气调储藏的作用机制如下:

(1)沼气气调储藏的基本原理。气调储藏是调整食品储藏环境气体成分的冷藏方法。沼气气调储藏就是在密封的条件下,利用沼气中甲烷和二氧化碳的含量高、含氧量极少、甲烷无毒的性质和特点,来调节储藏环境中的气体成分,造成一定的缺氧状态,以控制粮果、蔬菜的呼吸强度,减少储藏过程中的基质消耗,防治虫、霉、病、菌,达到安全储藏的目的。

(2)沼气气调储藏的生理基础。在正常的空气中,氧气的含量为 20.9%,氮气为 78.1%,氩为 0.9%,二氧化碳为 0.03%,其余为水蒸气、甲烷、氖、氦等。如果把空气中氧气的含量降低,适当增加二氧化碳的浓度,可以降低水果、蔬菜、粮食种子的呼吸强度,其新陈代谢也就减弱了,从而推迟了储藏物的后熟期。同时,在降低氧气浓度和高浓度二氧化碳下,能使储藏物产生乙烯的作用减弱,抑制乙烯的生成,从而延长了储藏物的储藏期。

(3)沼气作为气调剂的性质和特点。沼气是一种混合气体,其主要成分是甲烷(占 50%~70%)和二氧化碳(占 30%~40%),其次还含有微量的氮、氢、一氧化碳、氧等(占 5%),相对体积质量约为 0.86,低于空气的相对体积质量。甲烷是一种饱和烃类,化学性质极为稳定,无色、无味、无毒,不溶于水,分子量为 16.043,相对体积质量为 0.554。

(4)沼气气调储藏的作用。

①可以抑制粮、果、蔬菜的后熟。在低氧、高二氧化碳、低温的条件下,有呼吸高峰的水果、蔬菜,若在高峰期采收储藏,其呼吸强度明显减弱,从而大大推迟了呼吸高峰期的到来。同时,在气调的条件下,水果、蔬菜等产生的乙烯减少,也降低了呼吸作用。所以,气调储藏抑制了储藏物的后熟过程,是食品正常货架期的 1~2 倍。

②可以减少粮、果、蔬菜的损失。日本等国进行的储藏试验表明,应用气调库储藏水果,不仅可延长储藏期 2~3 个月,保持了水果的质量和营养价值,而且减少经营损失 16.5%。例如,气调冷库储存苹果的平均损失为 4.8%,而一般冷库储藏苹果的平均损失高达 21.3%。

③抑制粮、果、蔬菜的生理病害。气调储藏可以抑制水果、蔬菜的老化,对一些蔬菜可达到保绿的作用。这是因为水果、蔬菜的老化主要是由纤维素增加而引起的,而在气调储藏中,这种变化变慢。

④可以控制真菌的生长和繁殖。在低温条件下,若增加二氧化碳的浓度,可以延长真菌的发芽时间,减缓其生长速度。如在 10 ℃以下,70% 的二氧化碳能抑制根霉菌。

⑤可以防止老鼠的危害和害虫的生存。在高二氧化碳和低氧的条件下,老鼠和害虫因窒息而死亡。

2)果品缺氧保鲜储藏技术

(1)选择适宜的储藏场所。适合储藏果品的场所应是避风、清洁、温度比较稳定、昼夜温差变化不大的地方。

(2)因地制宜,确定储藏形式。适合利用沼气进行气调储藏的果品储藏形式,通常有容器式、薄膜罩式、土窑式、储藏室式 4 种。容器式和薄膜罩式具有投资少,设备简单,操作方便、简便易行等优点,但储藏过程中,环境条件变化较大,且储藏量小,适合家庭和短期储藏;土窑式和储藏室式虽然修建投资大,密封技术要求高,但储藏容量大,使用周期长,环境条件受外界干扰小,适合集体、专业户和长期储藏采用。

(3)按储藏技术条件精心管理。将挑选好的果品装入塑料筐、纸箱或聚乙烯袋中,入室储藏,在观察窗处设置水银温度计和相对湿度计,以便随时检查室内温、湿度变化情况。储果堆好后封门,并用胶带纸或其他密封材料封闭门窗。

(4)充入沼气。通过气体流量计,向储藏室内充入沼气,充气量由每天每立方米储藏室容积 0.06 m³,经过 10 d 左右,逐渐加大到 0.14 m³,随后每天定时按每立方米储藏室容积充入沼气 0.14 m³,使储藏室内环境气体含氧量或二氧化碳含量达到或接近标准数值(见表 4-9)。

表 4-9　沼气储藏果蔬技术控制

| 品种 | 温度 (℃) | 湿度 (%) | 气体组成(%) | | 储藏期 | |
| --- | --- | --- | --- | --- | --- | --- |
| | | | $CO_2$ | $O_2$ | 气调储藏 | 普通储藏 |
| 苹果 | 0~5 | 90~95 | 3 | 3 | 6~8 月 | 4 月 |
| 梨 | 0~5 | 85~95 | 0~7 | 4~5 | 6~7 月 | 5 月 |
| 柑橘 | 10~13 | 90~95 | 2~7 | 10 | 5~6 月 | 1 月 |
| 西红柿 | 10~12 | 90~95 | 2~5 | 2~5 | 5~6 月 | 3~4 月 |
| 马铃薯 | 3 | 85~90 | 3~5 | 3~5 | 7~8 月 | 4~5 月 |

(5)温度、湿度控制。保持适宜的温度、湿度,除可减少储藏果实水分损失和基质消耗外,还能保持储藏果实的鲜度和品质。一般根据不同品种,储藏室温度应保持在 3~10 ℃,相对湿度应稳定在 94% 左右,温度、湿度值应达到或接近表 4-9 中所对应的数值,每天的温度变化应小于 ±1 ℃,否则,因温度、湿度流动过大,会使环境中的水分在果品表面结膜,增加腐果率,不利于保鲜和储藏。

(6)日常管理。储藏果实 2 个月内,每隔 10 d 将储藏果实翻动一次,顺便进行换气。翻动时,及时检查储藏状态,以便采取相应措施,同时挑出烂果和有伤的果实,以后每隔半月翻动一次,每次翻果,可顺便换气半天,低温季节宜选气温较高的中午换气,高温季节宜在夜间换气。同时,注意定期用 2% 的石灰水对储藏室的地面、墙面和果箱进行消毒,保持环境卫生。当气温低于 0 ℃ 时,要采取保温措施,防止冻伤水果。

3)沼气储粮技术

沼气储粮的特点是成本低,操作方便,适用性广,无污染,缺氧环境能杀灭病虫害,防治效果好。其方法如下:

(1)装入粮食。选用合适的瓦缸、坛子、木桶或水泥池作为储粮装置。用木板做一瓶盖或缸盖,盖上钻 2 个小孔,孔径大小以恰能插入进气管为宜。将进气管连接在一个放入缸底的自制竹管进气扩散器(把竹节打通,余最下部竹节不打通,四周钻有数个小孔的竹管)上,缸内装满粮食,盖上盖子,用石蜡密封。

(2)输入沼气。第一次充沼气时,打开排气管上开关,使缸内空气尽量排出,直到能点燃沼气灯为止,然后关闭开关,使缸内充满沼气 5 d 左右。

(3)适用范围。适用于家庭及粮食储量较少时。

#### 4.4.2.2　沼液的综合利用

1. 沼液的养分

沼气发酵不仅是一个生产沼气能源的过程,也是一个造肥的过程。在这个过程中,作物生长所需的氮、磷、钾等营养元素,基本上都保持了下来,因此沼液是很好的有机肥料。沼液中存留了丰富的氨基酸、B 族维生素、各种水解酶、某些植物激素、对病虫害有抑制作用的物质或因子。因此,它还可用来养鱼、喂猪、防治作物的某些病虫害,有着较为广泛的综合利用前景(见表 4-10、表 4-11)。

表 4-10　各种农用肥养分含量对比

| 检测项目 | 单位 | 干牛粪 | 湿牛粪 | 猪粪 | 沼渣 |
|---|---|---|---|---|---|
| pH | — | 8.09 | 9.27 | 8.02 | 7.68 |
| 水分 | % | 4.10 | 3.29 | 8.78 | 2.50 |
| 有机质(干基) | % | 50.7 | 80.9 | 64.9 | 42.1 |
| 总氮(干基) | % | 1.69 | 2.51 | 2.21 | 2.87 |
| 磷($P_2O_5$)(干基) | % | 1.14 | 1.74 | 4.96 | 5.96 |
| 钾($K_2O$)(干基) | % | 1.73 | 4.19 | 1.27 | 0.45 |
| 有效磷 | mg/kg | $1.54\times10^3$ | $2.21\times10^3$ | $3.28\times10^3$ | 366 |
| 有效钾 | mg/kg | $1.19\times10^4$ | $3.48\times10^4$ | $9.26\times10^3$ | $1.17\times10^3$ |
| 砷(干基) | mg/kg | 4.0 | 1.1 | 2.1 | 15.7 |
| 汞(干基) | mg/kg | 1.0 | 0.2 | 未检出 | 5.1 |
| 铅(干基) | mg/kg | 4.8 | 未检出 | 未检出 | 43.1 |
| 镉(干基) | mg/kg | 未检出 | 未检出 | 未检出 | 未检出 |
| 铬(干基) | mg/kg | 139 | 115 | 82.9 | 174 |
| 有效态铜 | mg/kg | 3.46 | 2.70 | 210 | 1.66 |
| 有效态锌 | mg/kg | 70.8 | 22.6 | 295 | 200 |
| 有效态铁 | mg/kg | 82.4 | 218 | 254 | 841 |
| 有效态锰 | mg/kg | 82.9 | 29.6 | 122 | 4.90 |

表 4-11　沼液养分含量　　　　　　　　　　　(%)

| 检测项目 | 总氮 | 总磷 | 总钾 | 性质 |
|---|---|---|---|---|
| 沼液 | 0.03~0.08 | 0.02~0.07 | 0.05~1.40 | 速效 |

2. 沼液在种植业中的应用

沼液宜作为追肥,可采用叶面喷施、田间开沟施或者浇施。注意在作物的各生长关键时期之前施用,效果更好。

1)沼液的叶面喷肥

(1)特点:①养分丰富且相对富集,是一种速效水肥;②收效快,利用率高,24 h 内叶片可吸收附着喷量的 80%左右;③促进作物的光合作用,有利于作物的生长、发育;④对作物病虫害有一定的防治作用,在 48 h 内害虫减退率达 50%以上。

(2)方法:①使用正常产气 3 个月以上的沼气池的沼液(需过滤);②在早晨 08:00~10:00 时喷施,并尽可能喷在叶子背面;③根据作物的长势确定喷施量和喷施时间;④和农药混合喷施时,要经试验确定。

(3)适用范围:适用于果树、小麦等作物,蔬菜喷施量宜小些。

2)沼液施肥

(1)小麦。据有关报道,沼液施于旱地作物有较好的增产效果,这是因为旱地作物生长的土壤一般比较干燥、板结,生长受到一定的限制,施沼液后,则有抗旱保苗、促进作物生长的作用。沼液施于小麦,其增产效果因施肥量的不同而有较大的变化,其幅度从百分之几至百分之几十不等。造成这种结果的原因,可能是沼液浓度的不同及沼液中养分的不同。一般认为,在小麦的营养生长期和生根生长期浇施沼液,均能增产,尤其以分蘖期浇施增产效果最为显著(见表 4-12)。

表 4-12　沼液施小麦各种施肥方法增产效果

| 增施量 (kg/667 m²) | 施用方法 | 小麦产量(kg/667 m²) | | 比对照增产 | |
| --- | --- | --- | --- | --- | --- |
| | | 沼液 | 对照 | kg/667 m² | % |
| 2 250 | 1/3 底肥 | 315.0 | 299.0 | 16.0 | 5.4 |
| 4 500 | 1/3 底肥 | 316.5 | 299.0 | 17.5 | 5.6 |
| 2 250 | 2/3 底肥 | 316.7 | 310.0 | 6.7 | 2.2 |
| 2 000 | 追肥 | 221.1 | 203.5 | 17.6 | 8.6 |
| 3 000 | 追肥 | 247.3 | 203.5 | 43.8 | 21.5 |
| 4 000 | 追肥 | 282.1 | 203.5 | 78.6 | 38.6 |
| 75 | 叶面喷施 | 331.7 | 296.7 | 35.0 | 11.8 |
| 6 582 | 分蘖期追施 | 345.8 | 241.7 | 104.1 | 43.1 |
| 19 740 | 分蘖期追施 2 次, 初扬花期施 1 次 | 370.8 | 241.7 | 129.1 | 53.4 |
| 32 913 | 分蘖期浇 3 次,初扬花期、 打苞齐穗期各 1 次 | 408.4 | 241.7 | 166.7 | 69.0 |

(2)沼液做追肥,最好在晴天上午 08:00~10:00 施,阴雨天可少施或不施。

(3)低温时加大沼液用量,少用或不用其他肥,一般每周每 667 m² 用沼液 500~600 kg,另每 667 m² 施沼渣 100~150 kg;高温时应勤施、稳施,最好每 2 天 1 次,每次每 667 m² 撒施 50~100 kg 为宜。

(4)应按季节施肥(见表 4-13)。

表 4-13　按季节施肥方案

| 季节 | 施肥特点 | 施肥方式 |
|---|---|---|
| 春<br>(2 月底至 3 月初) | 一次性施足底肥,沼渣 150 kg/667 m²,沼液 200 kg/667 m² | 均匀施肥 |
| 夏<br>(4~6 月)<br>(7~8 月) | 沼渣 100~150 kg/667 m²·周或沼液 150~300 kg/667 m²·周<br>(4~6 月)沼液 100~150 kg/667 m²·周(7~8 月) | 撒施或固定施 |
| 秋<br>(9~10 月) | 沼渣 100~150 kg/667 m²·周或沼液 150~300 kg/667 m²·周 | 撒施或固定施 |

(5)新取沼液应在空气中放置一段时间,以降低其还原性。雨前不能施沼液。

总之,作物增施沼液的增产效果是明显的,近年来,我国科技人员和农民朋友在科学试验和生产实践中,还发现了沼液在其他作物上的增产作用。如四川省农业科学院在棉花种植过程中,每 667 m² 增施 2 000 kg 沼液,使子棉产量增加 26.1%。

3) 沼液浸种

沼液浸种就是将农作物种子放在沼液中浸泡后再播种的一项种子处理技术,它不仅可以提高种子的发芽率、成秧率,促进种子生理代谢,提高秧苗素质,而且可以增强秧苗抗寒、抗病、抗逆能力,有较好的经济效益。

作物种子在发芽前要经过浸泡,使其吸水后从休眠状态进入萌动状态。浸种对作物的发芽、成秧及栽种后的生长发育起着重要的作用,对作物收成有着重要的影响。传统的浸种通常是在清水中进行,为了防治病害,在清水中加入农药,这样造成环境污染和农产品农药残留。

近几年来,广大农民发现沼液浸种比清水浸种有明显的优势。发酵过程中,发酵物中一些可溶性养分自固相转入液相,提高了速效养分含量,因此沼液的养分是速效性养分。这项实用技术已在全国大部分省(市、区)大面积推广应用。

沼液浸种的特点:①沼液内含有水溶性氮、磷、钾、微量元素、氨基酸、维生素等营养成分,浸种时,随水分进入种子内促进胚胎萌动;②沼液内含有激素类物质,可刺激作物生长;③沼液具有抑制细菌的作用,可替代农药抑制病虫害发生;④沼液浸种方法简单,不需增加投入。

沼液浸种的流程见图 4-14,详述如下:

(1)晒种:为提高种子吸水性,沼液浸种前,将种子翻晒 1~2 d,清除杂物,以提高种子吸收性能和杀灭大部分病菌,保证种子纯度和质量。

(2)种子包装:选择透水性好的编织袋或布袋,将种子装入,每袋 15~20 kg,并留出适当空间,以防种子吸水后胀破袋子,扎紧袋口,放入出料间中下部。

(3)清理沼气池出料间:将出料间浮渣、沉渣尽量清除干净,以便于沼液浸泡种子。

(4)揭盖透气:加有盖板的出料间应在清理前 1~2 d 揭盖透气,并搅动料液几次,让硫化氢气体逸散,以便于浸种。

（5）浸泡方法：将绳子一端系袋口，一端固定在池边，使种子处于沼液中部为好。有些浸泡时间较短的种子（12 h 以内），可以在容器中进行。

（6）浸种时间：①小麦，小麦沼液浸种适宜土壤墒情较好时应用，其具体做法为：在播种前一天进行，浸种 12 h 左右，清水洗净，即可播种。若抗旱播种（土壤墒情差），则不必采用沼液浸种。②玉米，一次浸种 12~16 h，清水洗净，晾干后即可播种。

（7）清洗：沼液浸种结束后，应将种子放在清水中淘净，然后播种、催芽。沼液浸种改变了种壳颜色，但不影响发芽。取出塑料袋，将其外部冲洗干净，取出种子晾干、催芽。

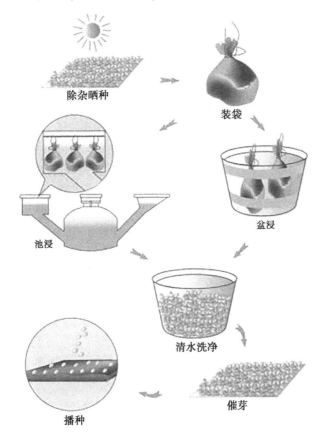

除杂晒种　　装袋　　盆浸　　池浸　　清水洗净　　催芽　　播种

**图 4-14　沼液浸种流程示意图**

用于浸种的沼液应具备的条件：①正常运转使用两个月以上，并且正在产气的沼气池（以能点亮沼气灯为准）出料间内的沼液才能用于浸种。废池、死池的沼液不能作浸种用。②出料间流进了生水、有毒污水（如农药等）或倒进了生人粪便、牲畜粪便及其他废弃物的沼液不能利用。出料间表面起白色膜状的沼液宜用于浸种。③发酵充分的沼液为无恶臭气味、深褐色、明亮的液体，pH 在 7.0~7.6，相对体积质量在 1.004~1.007。④用于浸种的沼液，应选自以猪粪为主要发酵原料的沼气池出料间，以其他原料（如牛粪、鸡粪、秸秆等）为主要发酵原料的沼气发酵液参照执行。⑤注意安全，池盖及时还原，以防人、畜坠入池内。

4)沼液在果树上的应用

近年来,沼液防治果树的病虫害技术引起了人们的高度重视。成龄树可成辐射状开沟,并轮换错位,开沟也不宜太深,不要损伤根系,施肥后覆土。沼肥种果的效果为:可提高坐果率5%以上,每667 m² 单产比不施沼肥的增产300 kg 以上,增产幅度10%～30%,果实甜度提高 0.5～1.0 度,果实外形美观,卖相好。同时,还可减轻果树病虫害,增强抗旱、防冻能力,降低使用化肥和农药的成本,经济效益十分显著。

(1)将沼液(渣)作为基肥使用。在11月上旬,将沼肥与秸秆、枯饼、土混合堆沤、腐熟后,分层埋入树冠滴水线外施肥沟内。沼液施用量为:落叶果树每株 4～8 kg,常绿果树每株4～6 kg。

(2)在果园施用沼液时,一定要用清水稀释 2～3 倍后使用,以防浓度过高,烧伤根系。在果树萌芽抽梢前10 d,用浓度60%的沼液浇肥,每株2 kg;新梢抽生后15 d,每株施浓度60%的沼液 3 kg。为了加速新植幼树生长,可在生长期间(3～8 月),每隔半个月或一个月,浇施一次沼液。施肥方法是在树冠滴水线外侧挖 10.0～16.7 cm 浅沟浇施。

(3)将沼液用作保果肥时,枇杷在 3 月幼果开始膨大期、柑橘在 5 月上旬生理落叶前、杨梅在 6 月施用;落叶果树在果径 1 cm 左右时施用,每株施浓度80%的沼液 2～3 kg。

(4)沼液用作叶面喷肥。在果树每个生长期前后,都可用浓度50%的沼液喷施果树做叶面追肥。其具体方法为:从沼气池水压间或囤粪池中取出的沼液,停放、过滤、稀释后,在早晨、傍晚或阴天喷施;中午气温高,蒸发快,效果差,也易灼伤叶片,不宜进行;喷施沼液时要侧重叶背面;以叶面布满水珠而不滴水为宜。

5)沼液防治农作物病虫害

试验证明,沼液能有效地控制水稻的稻叶蝉、稻飞虱、纹枯病、小球菌核病等病虫害。湖南省南县农业局植保站在防治病虫害试验中发现,施沼液的稻田的虫口密度比对照田低,其中早、晚稻稻叶蝉的密度低 65.99%和 54.09%,稻飞虱的密度低 58.76%和69.21%,纹枯病的病苗低41.07%和26.71%,小球菌核病的盛发阶段比对照田低15.62%和 12.73%。

此外,沼液对小麦、豆类和蔬菜的蚜虫有明显的防治效果。在试验中用纯沼液防治豇豆蚜虫,前、后喷雾两次,3 d 后蚜虫死去;用纯沼液治菊花蚜虫,喷沼液 5 d 后,蚜虫全部死去。

6)沼液养鱼

一般沼液用于淡水养鱼,施入鱼塘的为沼渣与饲料拌和制成的颗粒饵料,它能使鱼塘浮游生物量增多、叶绿素含量高、溶氧量大,每667 m² 水面鱼的产量可提高 5%～10%。

(1)特点:①沼渣是优质的有机肥料,能使鱼类生长快,产量高;②减少鱼病传染,沼气厌氧发酵杀灭了虫卵、病菌;③节约精饲料,降低了养鱼成本;④节省劳力,采用沼气池与鱼塘配套技术。

(2)方法:①应用正常产气 1 个月以后的沼液、沼渣。②鱼种选择以滤食性鱼类为主(不低于70%)的混合鱼种。具体搭配为:花、白鲢占 60%～70%,比例以 1:6 为宜,其他杂食性鱼类(鲫鱼、鲤鱼)占 20%～30%。

7) 沼液养猪

沼液中富含多种对生猪生长有利的营养物质,可以促进生猪生长发育,提高生猪抗病能力。用沼液喂猪,可提高 30 d 左右出栏,节省饲料 50 kg 左右,且猪肉色好,出肉率高达 92%。这种技术安全方便、简单易学。

（1）特点。

①养分全面。沼肥中富含葡萄糖、果糖、脂肪酸、氨基酸等营养物质及其衍生物,并且含有 Fe、Zn、Cu、Mn、Cr、Mo、Ni、V、S 等必需的微量元素。

②无污染。沼气厌氧发酵杀死了致病菌及寄生虫卵。

③饲喂方法简单,取料方便,效果明显。

④生长速度快,育肥期缩短,提高了出栏率,成本降低 35%。

（2）饲喂方法。

①体重在 25 kg 的中猪,可开始饲喂沼液,按常规进行防疫、驱虫、健胃之后,先饿 1~2 餐,增加食欲后,开始在饲料中添加少量沼液,进行适口训练 3~5 d,待适应后,每天饲喂 3~4 次,每次喂沼液量 0.3~0.5 kg,即饲料和沼液配比应掌握在（10~20）:1,以后逐步提高到 5:1。

②体重在 50~100 kg 的猪,此时骨骼发育迅速,食量增大,故沼液量亦需增加,一般每日饲喂 3~4 次,每次沼液喂量为 0.6~1.0 kg,即饲料和沼液配比为（3~4）:1。如果在饲料中增加少量骨粉、鱼粉,增重更快。

③体重在 20 kg 以下的幼猪,一般不宜添加沼液喂养。

（3）注意事项。

①新建成或大换料后的沼气池,必须在正常产气使用 3 个月以后,方可取沼液喂猪。

②不正常产气、不产气或投入了有毒物质的沼气池中的沼液,禁止用于喂猪。

③喂猪使用的沼液量一定要相对稳定。

④如果添加沼液过量,会使猪出现负增长现象,因此在开始添加沼液喂猪时,要观察猪的动态,特别是观察粪便的形态,如发现猪拉稀或粪便呈饼状,要适当减少沼液的用量或暂时停喂,等症状消失后,再添加沼液饲喂,并适当减少添加量,一般每次减少 0.1 kg。

⑤母猪在产仔断乳后,要暂停添加沼液,以防长膘过快。添加沼液饲养的猪,其体重在 120 kg 左右时出栏,经济效益最佳。

⑥利用沼液作添加剂喂猪,普遍呈现食欲好、贪睡、生长加快的现象。一般提前 20~30 d 出栏,每头猪的皮毛油滑、健壮少病,节省饲料 30~50 kg。

### 4.4.2.3　沼渣的综合利用

1. 沼渣的作用

沼渣是人、畜粪便及农作物秸秆、青草等各种有机物质经沼气池厌氧发酵,产生沼气后的底层渣质。由于有机物质在厌氧发酵过程中,除碳、氢、氧等元素逐步分解转化,最后生成甲烷、二氧化碳等气体外,其余各种养分元素基本都保留在发酵后的残余物中,其中一部分水溶性物质残留在沼气肥水中,另一部分不溶解或难分解的有机、无机固形物则残留在沼肥残渣中,在残渣的表面则又吸附了大量的可溶性有效养分。所以,沼渣含有较全面的养分元素和丰富的有机物质,具有速缓兼备的肥效特点。沼渣中的主要养分含量有有机质、腐殖酸、总氮(N)、总磷($P_2O_5$)、总钾($K_2O$)。沼渣中的氮、磷、钾含量分别比露天粪坑和堆沤肥高出 60%、50%、90%,作物吸收率比露天粪坑和堆沤肥高出 20%。

总结归纳,沼渣的作用有如下三点:

(1)沼渣富含有机质、腐殖酸,能起到改良土壤的作用。

(2)沼渣含有氮、磷、钾等元素,能满足作物生长的需要。

(3)沼渣中仍含有较多的沼液,其固体物含量在 20% 以下,其中部分未分解的原料和新生的微生物菌体施入农田会继续发酵,释放肥分。因此,沼渣在综合利用过程中,具有速效、迟效两种功能。沼渣主要用于种植粮、育秧、苗木生产的基肥,还可用于生产食用菌及养鱼、泥鳅、蚯蚓等。

2. 沼渣利用模式

沼渣不但可以作为作物的基肥和追肥,还可以用于以下特殊的经济作物培育。

1)沼渣栽培蘑菇技术

(1)特点:①沼渣经过厌氧发酵,培育蘑菇时杂菇少;②沼肥含有丰富的氮、磷、钾和微量元素,养分丰富而全面;③管理方便,节省劳力;④用沼渣代替秸秆等育菇原料,增加了原料来源,降低了费用,一般成本下降 36%;⑤沼渣种菇,产量可提高 15%,一级、二级菇比重大。

(2)方法:

①出沼渣。在种蘑菇进行堆料前 20 d,将沼气池内的结壳层、沼渣全部捞起,留下清液,出料前 5 d 停止向池内投放新料。

②摊晒。将捞起的沼渣随即摊开,晒干,拍碎。

③堆料。按每平方米 15 kg 稻草加 10 kg 干沼渣的比例,分层堆料发酵(沼渣与稻草的配合比为 1∶1.5),再用沼液泼洒到充分湿润。

④喷洒量。出菇前,每平方米菇床喷 20%~40% 的沼液 0.50~0.75 kg,1~2 d 喷一次,其他操作同常规栽培。

2)沼肥种西瓜技术

(1)特点:该技术简单易行,成本低。利用沼肥种西瓜,西瓜味甜、个大、产量高,上市期提前。

(2)方法:

①适时播种。3 月下旬播种,播前精选种子,晒 1~2 d,用塑料袋装好,放入沼气池出料间浸泡 8~10 h,取出轻搓 1 min 左右,洗净催芽。用营养土(一份沼渣加一份土)制成营养钵。

②施足基肥,适时定植。施足冬基肥,每 667 $m^2$ 施 2 500 kg 沼渣肥,均匀铺于瓜垄表面后深翻入土,在苗达 6 片叶时定植,定植前半个月再施 1 500 kg 沼渣肥,浅翻入土。

③搞好田间管理。定苗活棵后追 1~2 次沼液,每次 500 kg 左右,浓度不宜太高(1 kg 沼液兑 2 kg 清水),行间点施,瓜苗出藤后,重施一次果肥,比例是 50 kg 沼肥配 100 kg 腐熟饼肥,开 10 cm 左右的沟,施后覆土。第一批西瓜收获后,用稀释沼液进行根外追肥,7~10 d 追施 1 次。

## 4.4.3 作物营养与土壤培肥

### 4.4.3.1 作物营养

作物营养是植物体与环境之间物质(养分)和能量的交换过程,也是植物体内物质(养分)运输和能量转化的过程。

1.作物必需的营养元素及其功能

作物必需的营养元素包括碳、氢、氧、氮、磷、硫、钙、镁、钾、铁、锰、钼、铜、硼、锌、氯、钠、钴、钒和硅等(见表4-14)。

氮是植物合成蛋白质、氨基酸、核酸和叶绿素形成的重要元素。

磷可以储存和转运能量,它是核酸、辅酶、核苷酸、磷蛋白、磷脂和磷酸糖类等一系列重要生化物质的结构组分。

钾主要是催化作用,如参与酶的激活(如淀粉合成酶和固氮酶的活化)、平衡水分、能量形成、同化物的转运、氮的吸收及蛋白质合成、活化。

钙在细胞的伸长、分裂和细胞膜的构成及其渗透性方面起重要作用。

镁是叶绿素分子中仅有的矿质组分,也是核糖体的结构成分,具有多种生理和生化功能,参与同磷酸盐反应有关的功能团的转移。

表 4-14 作物必需的营养元素

| | 营养元素 | 植物可利用的形态 | 在干组织中的含量(%) |
|---|---|---|---|
| 大量营养元素 | 碳(C) | $CO_2$ | 45 |
| | 氧(O) | $O_2$,$H_2O$ | 45 |
| | 氢(H) | $H_2O$ | 6 |
| | 氮(N) | $NO_3^-$,$NH_4^+$ | 1.5 |
| | 钾(K) | $K^+$ | 1.0 |
| | 钙(Ca) | $Ca^{2+}$ | 0.5 |
| | 镁(Mg) | $Mg^{2+}$ | 0.2 |
| | 磷(P) | $H_2PO_4^-$,$HPO_4^{2-}$ | 0.2 |
| | 硫(S) | $SO_4^{2-}$ | 0.1 |
| 微量营养元素 | 氯(Cl) | $Cl^-$ | 0.01 |
| | 铁(Fe) | $Fe^{3+}$,$Fe^{2+}$ | 0.01 |
| | 锰(Mn) | $Mn^{2+}$ | 0.005 |
| | 硼(B) | $H_2BO_3^-$,$B_4O_7^{2-}$ | 0.002 |
| | 锌(Zn) | $Zn^{2+}$ | 0.002 |
| | 铜(Cu) | $Cu^{2+}$,$Cu^+$ | 0.000 6 |
| | 钼(Mo) | $MoO_4^{2-}$ | 0.000 01 |

硫在植物生长和代谢中有多种重要功能,参与蛋白质(如铁氧化蛋白)、叶绿素和其他代谢物的合成,形成植株的特征味道和气味。

硼在植物分生组织的发育和生长中起重要作用,如分生组织新细胞的发育,正常受粉,坐果大小一致,豆科植物结瘤,糖类、淀粉、氮和磷的转运,氨基酸和蛋白质的合成,调节碳水化合物代谢。

铁是非血红素分子的结构组分,参与酶系统。

锰参与光合作用特别是氧释放,也参与氧化还原过程、脱羧和水解反应。

铜在植物营养中的作用包括参与有关酶系统的代谢过程。

锌参与生长素代谢,促进合成细胞色素和稳定核糖体。

钼是硝酸还原酶和固氮酶的必需组分,在植物对铁的吸收和运输中起重要作用。

氯在光合作用光系统 Ⅱ 的释氧过程中起作用,具有防病、渗透等作用。

钴是微生物固定大气氮的必需的元素,与血红蛋白代谢和根瘤菌中核糖核苷酸还原酶有关。

硅是水稻、牧草、甘蔗和木贼属等植物所必需的,对细胞壁结构有作用,可提高抗病性、茎秆强度和抗倒伏能力。

2. 作物营养的来源

作物养分主要来源于土壤养分和施肥。土壤养分包括养分的总量和养分的有效含量。养分的总量代表了土壤养分的供应潜力,而养分的有效含量则决定了土壤对当季作物养分的供应能力。土壤养分总量比一季作物的需要量要大得多,如我国中等肥力的土壤,其养分含量假定能被全部利用,每公顷耕地的土壤氮可供年 7 500 kg 的作物利用 15~30 年,磷可供利用 30~45 年,钾可供利用 140~300 年。当然全部被利用是不可能的,所以对当年作物来说,土壤中养分的有效含量最重要,这一部分所占比例很小,如土壤中的有效氮只占全部氮的 0.05% 以下,磷、钾通常只占 0.03%~0.05%。土壤养分在作物生长中起着重要作用,土壤提供植物 30%~60% 的氮、50%~70% 的磷和 40%~60% 的钾。在作物营养期中,对养分的要求常有两个极其重要的时期:作物营养临界期和作物营养最大效率期。若能及时满足这两个重要时期对养分的要求,定能显著地提高作物产量和品质。

作物在生长发育的某一时期,对养分的要求虽然在绝对数量上并不多,但要求很迫切,如果这时缺乏某种养分,就会明显抑制作物的生长发育,产量也受到严重影响,此时造成的损失,即使以后补施该种养分,也很难弥补,这个时期称为作物营养临界期。作物营养临界期对不同作物、不同养分是不同的,但磷的营养临界期常常出现在作物幼苗期,氮的营养临界期常常出现在作物营养生长转向生殖生长的时期。

在作物生长发育的过程中还有一个时期,作物对养分的要求不论是在绝对数量上,还是吸收速率上都是最高的,此时使用肥料所起的作用最大,增效也最为显著,这个时期就是作物营养最大效率期。作物营养最大效率期常常出现在作物生长的旺盛时期,其特点是生长量大,需养分多。

作物吸收营养的方式包括根营养和根外营养。作物通过根系从土壤溶液中吸收它所需的各种养分,是作物获取营养的主要方式,包括截获、质流和扩散三种形式。作物通过茎叶(尤其是叶片)吸收养分,又称根外追肥。

#### 4.4.3.2　生态农业土壤施肥与改良要求

中国国家标准规定:有机农业应通过回收、再生和补充土壤有机质积养分来补充因作物收获而从土壤带走的有机质和土壤养分。保证施用足够的有机肥以维持和提高土壤肥力、营养平衡和土壤生物活性。而有机肥应主要源于本农场或有机农场(或畜场);如遇特殊情况(如采用集约耕作方式)或处于有机转换期或证实有特殊的养分需求时,经认证机构许可可购入一部分农场外的肥料。外购的商品有机肥,应通过有机认证或经认证机构许可。

限制使用人粪尿,必须使用时,应当按照相关要求进行充分腐熟和无害化处理,并不得与作物食用部分接触。禁止在叶菜类、块茎类和块根类作物上施用。

天然矿物肥料和生物肥料不得作为系统中营养循环的替代物,矿物肥料只能作为长效肥料并保持其天然组分,禁止采用化学处理提高其溶解性。

有机肥堆制过程中允许添加来自自然界的微生物,但禁止使用转基因生物及其产品。

在有理由怀疑肥料存在污染时,应在施用前对其重金属含量或其他污染因子进行检测。应严格控制矿物肥料的使用,以防止土壤重金属累积。检测合格的肥料,应限制使用量,以防土壤有害物质累积。

禁止使用化学合成肥料和城市污水、污泥。

中国国家标准还规定了土壤培肥允许使用和限制使用的物质。

1. 土壤施肥

常规农业以大量的化肥来维持高产量,但有机农业理论认为,土壤是个有生命的系统。施肥首先是培育土壤,土壤肥沃了,会增殖大量的微生物;再通过土壤微生物的作用供给作物养分。

肥料种类的选择要求有机化、多元化、无害化和低成本化。在有机农业生产中,允许使用的肥料种类有农家肥、堆沤肥、矿物肥料、绿肥和微生物肥料等。叶面施用的肥料有腐殖酸肥、微生物肥料及其他生物叶面专用肥等。

作物的营养来源于土壤矿化物的释放、前茬作物有机质的分解和当茬作物的肥料补充。一般氮素的利用率,水田平均利用率为 35%~60%,旱田平均率为 40%~75%;磷的利用率为 10%~25%;钾肥的利用率为 10%~25%;有机肥中磷的利用率为 20%~30%,钾的利用率为 50%。所以要保证施用足够数量的有机肥以维持和提高土壤的肥力、营养平衡和土壤生物活性。

有机农业生产中不允许使用化学合成的肥料。限制使用人粪尿,必须使用时,应当按照相关要求进行充分腐熟和无害化处理,并不得与作物食用部分接触。动物源有机肥和其他有机物质需先堆制腐熟。有机农业生产中对堆肥的要求,不仅仅是堆制材料的腐解和养分要求,而且要求通过堆沤的过程实现无害化,即一方面为了环境卫生和保障人民健康,堆肥必须通过发酵,杀灭其中的寄生虫卵和各种病原微生物;另一方面为了作物的健康生长,要通过发酵,杀死各种危害作物的病虫害及杂草种子。此外,对于秸秆,需要通过发酵以消除秸秆产生的对作物有毒害的有机酸类物质;对于一些饼粕类物质,也需通过发酵以保障对作物不产生中毒现象。天然矿物肥料和微生物肥料不得作为系统中营养循环的替代物,矿物肥料只能作为长效肥料并保持其天然组分,禁止采用化学处理提高其溶解性。

有机农业施肥应以有机肥为主,即以底肥为主,实行测土配方施肥,力保农田土壤中养分平衡。有机肥使用种类众多,有堆肥、沼肥、绿肥、作物秸秆、饼肥、腐殖酸类肥、微生物肥料和经无害化腐熟处理达标的人畜粪便等。无论采用何种肥料追施或叶面喷肥,最迟均应在作物收获前20天进行,以防对农产品的污染。

绿肥的主要种类有毛叶苕子、草木樨、紫穗槐、沙打旺、三叶草、紫花苜蓿、紫云英等。它们的作用包括:①增加土壤氮素与有机质含量;②富集和转化土壤养分;③绿肥作物根系发达,吸收利用土壤中难溶性矿质养分的能力很强;④改善土壤理化性状,加速土壤熟化,改良低产土壤;⑤绿肥能提供较大量的新鲜有机物质与钙素等养分;⑥减少水、土、肥的流失和固沙护坡;⑦改善生态环境;⑧绿肥覆盖能调节土壤温度,有利于作物根系的生长。

微生物肥料是以特定微生物菌种生产的含有活微生物的肥料。根据微生物肥料对改善植物营养元素的不同,可以分成根瘤菌肥料、磷细菌肥料、钾细菌肥料、硅酸盐细菌肥料和复合微生物肥料5类。微生物肥料可用于拌种,也可作为基肥和追肥使用。在微生物肥料中,禁止使用基因工程(技术)菌剂。

2. 土壤改良

土壤由矿物质、有机质和微生物3大部分组成,有机农业土壤改良的根本任务就是培育深厚的土壤熟化层,增加土壤有机质和有益微生物的含量。增加土壤有机质的措施必须从开源和节流两方面考虑,有益微生物只能通过人工措施引殖到土壤生态系中。通俗地说,常用培肥改良土壤的途径就是种、还、施、调4种结合手段。种,适当地种植绿肥作物;还,秸秆还田;施,增施有机肥;调,引殖有益微生物。

(1)种植绿肥,既作土壤覆盖,又是增加土壤有机质的有效途径。

我国的绿肥种植利用有着悠久的历史,长期以来,已经形成了一套传统的种植模式,特别是绿肥翻压能明显补充和更新土壤有机质。据试验,无论南方或北方、水田或旱地,每年每公顷翻压15～20 t绿肥鲜草,5年后土壤有机质可增加0.1%～0.2%,全氮提高0.011%,总腐殖酸增加6.1%,活性有机质提高17.4%。浙江省在新围砂涂幼龄葡萄园连续4年定位观察分析,每年每公顷翻压牧草绿肥37.5 t,配施猪栏肥37.5 t,原来较难积累养分的土壤,有机质含量从4.4 g/kg提高到7.5 g/kg,速效氮、磷、钾分别提高54.0 mg/kg、4.1 mg/kg和24 mg/kg,并具有加速土壤脱盐和防止土壤返盐的作用,土壤达到了肥沃的水平,农作物生产的土壤生态系统也处于良性循环状态。

(2)利用秸秆还田,提高土壤生物产量的返还率。

农作物从土壤中吸取大量的有机质和矿物营养元素,不仅制造人们需要的经济学产量,而且制造大量的生物学产量。我们这里说的生物学产量指的是收获后的农作物秸秆,一般农作物的生物学产量都超过经济学产量,这些秸秆含有丰富的有机质和矿物营养元素。据试验,在华北地区,如果土壤有机质为1%,一般耕作条件下每年每667 m² 耕层纯有机质消耗量约为60 kg。为使土壤中补充积累60 kg纯有机质,需要加进200 kg左右粮食作物秸秆。

(3)增施有机肥是土壤有机质的最直接来源。

　　有机肥不像绿肥作物和秸秆还田那样要在土壤中腐熟后发挥作用,它可以直接参与土壤养分的供应。增施有机肥不仅能稳定持久供氮,弥补土壤中氮素营养的消耗,还能提供锌、硼等多种微量元素。有机肥的生产原料主要是农业废弃物,如畜禽粪便、农作物秸秆、残留的根茎叶、枯枝、落叶、动植物加工副产品和废料等。有机肥的生产过程实际上是通过发酵等技术进行无害化和腐熟处理的过程。腐熟良好的有机肥不含或仅含有少量对植物有毒的化合物如 $NH_3$ 和小分子有机酸等。若腐熟程度不足,无害化处理不充分,施用到土壤中后,将重新分解有机质而消耗土壤中的速效养分和作物根际土壤中的氧,不但不利于作物生长,而且可能发生烧根、烧苗,并对土壤造成较严重的二次污染。有机农业种植的有机肥应主要选用经无害化处理并充分腐熟的有机肥料,包括没有污染的绿肥和作物残体、泥炭和其他类似物质以及经过堆肥处理的食物和林业副产品。经过高温堆肥等方法处理后,没有虫害、寄生虫和传染病的人粪尿和畜合粪便,从源头阻断污染源。

　　(4)配施微生物肥料,引殖有益微生物,调理土壤微生态循环。

　　土壤中的有益微生物直接参与土壤物质和能量的转化、腐殖质的形成和分解、养分释放、氮素固定等土壤肥力形成和发育过程。采用人为方式向土壤中引殖有益微生物,可增加根际土壤中有益微生物数量和活性,能够增强土壤微生物活性。大量在植物根际施入微生物肥料,能起到以下作用:

　　①提高土壤肥力。

　　微生物肥料中的有益菌(如固氮菌)可固定空气中的氮,供作物吸收;解磷菌、解钾菌可将土壤中难以利用的磷、钾转化为易吸收利用的磷和钾。

　　②产生激素,促进作物生长。

　　微生物肥料中的微生物在其发酵过程中和在土壤内的生命活动中会产生大量的赤霉素和细胞素等植物激素类物质,这些物质与作物根系接触后,会刺激作物生长,调节作物新陈代谢,起到改土增产的效果。

　　③改良土壤结构,松土保肥。

　　微生物肥料中的微生物在繁殖过程中产生大量的胞外多糖。胞外多糖是形成土壤团粒结构及保持团粒稳定的黏结剂。生土熟化过程中离不开这类微生物的大量繁殖活动。

　　④增强农作物抗病能力。

　　由于微生物在农作物根部大量繁殖,成为作物根部的优势菌群。除它们的自身作用外,还由于它们的生长繁殖,抑制或减少了病原体的繁殖机会,有的还能起到抵抗病原菌的作用,具有减轻作物病害的功效。

　　⑤改善农产品品质,降低硝酸盐含量。

　　硝酸盐污染是世界各国特别重视的一个问题,是危害人体健康、导致环境公害的主要污染物之一。

　　因此,通过种植绿肥作物、秸秆还田、增施有机肥和引殖有益微生物,能够改变土壤理化结构,培肥地力,使有机农业种植的土壤生态系统处于良性循环状态。

　　3. 有机肥

　　有机肥目前没有分类标准,在实际应用过程中根据使用方法进行划分,可根据其主要原料来源不同划分为人畜粪尿肥、土杂肥、草木灰肥、绿肥、饼肥、动物性杂肥、微生物肥及沼肥等;也可以根据其生产方式划分为堆肥、沤肥、厩肥等。下面主要介绍几种常用的有机肥。

1)常用有机肥

(1)堆肥。以各类秸秆、落叶、青草、动植物残体、人畜粪尿等为原料,与少量泥土混合堆积而成的一种有机肥料。

(2)沤肥。沤肥所用原料与堆肥基本相同,只是在淹水条件下进行发酵而成。

(3)厩肥。指猪、牛、马、羊、鸡、鸭等畜禽粪尿与垫料堆沤制成的肥料。

(4)沼肥。由沼气池中的有机物腐解产生沼气后的副产物,包括沼液和沼渣。

(5)绿肥。利用栽培或野生的绿色植物体作肥料。如豆科的绿豆、蚕豆、草木樨、田菁、苜蓿、苕子等。豆科绿肥有黑麦草、肥田萝卜、小葵子、满江红、水葫芦、水花生等。

(6)秸秆肥。农作物秸秆是重要的有机肥原料之一,作物秸秆含有作物所必需的营养元素有 N、P、K、Ca 等。在适宜条件下通过土壤微生物的作用,这些元素经过矿化回到土壤中,重新为作物吸收利用。

(7)其他有机肥。菜籽饼、棉籽饼、豆饼、芝麻饼、蓖麻饼、茶籽饼和未经污染的河泥、塘泥、沟泥、港泥、湖泥等。

2)有机肥的作用

有机肥在土壤微生物的作用下,通过发酵和腐烂,可产生腐殖质,腐殖质是含有机胶体的物质,和土壤颗粒相结合,能使土壤产生团粒结构,起到既能促使土壤通气又能保持土壤水分的作用。腐殖质还能调节和缓冲土壤的酸碱性,吸附植物能吸收的营养元素,提高土壤的保肥性能。增施有机肥,可以改善土壤的松紧度、通气性、透水性、保水性和热状况,使土壤中的水分、养分、空气和温度都能满足植物根系需要,从而保障植物根深叶茂,达到高产稳产。

有机肥主要有死亡的植物和以植物为食料的动物尸体及其粪便。这些有机物经过微生物分解后,就能产生全面的营养元素,主要有氮、磷、钾和钙、镁、硫及铁、锰、硼、锌、铜、钼等大量、中量和微量元素。所以,有机肥是一种全营养肥,可提供植物需要的全部营养。另外,有机肥在分解过程中可逐步给植物提供营养物质,肥效持久,性质柔和,能维持和促进土壤养分的平衡。

有机肥是微生物赖以生存和繁殖所需能量和养分的来源,增施有机肥能促进有益微生物的活动,加速有机质的分解矿化过程,也包括促进一些固氮菌的活动和土壤中蚯蚓的繁殖等,因而能提高土壤的肥力。

有机肥含有大量动植物残体、排泄物、生物废弃物等物质。施用有机肥料不仅能为农作物提供全面单质养分和小分子有机质,而且肥效长,可增加和更新土壤有机质。促进土壤微生物繁殖、改善土壤的理化性质和提高生物活性。

有机肥的主要特点是养分全面,肥效稳而持久,具有养地、改善土壤的理化性等作用,是土壤微生物繁殖活动取得能量和养分的主要来源。另外,有机肥在分解过程中还能产生多种有机酸,使难溶性土壤养分转化为可溶性养分,从而提高土壤养分的有效性。增施有机肥料可以增加土壤有机质含量,改善土壤理化性状,提高土壤保水保肥供肥能力。

(1)改善土壤理化性质。

黏重的土壤一般含有机、无机胶体多,质地细,结构紧密,土壤保肥能力强,养分不易流失,但黏土通气性差,排水不良,宜耕性差,供肥慢,施肥后见效慢,这种土壤"发老苗不发小苗",肥效缓而长,不利于作物的出苗和根系发育。这种土壤增施有机肥料,通过丰富的有机质和有益微生物的活动,改善土壤团粒结构,增加通透性,变得疏松易于耕作,增强蓄水、蓄肥能力。

砂质土壤由于砂粒多,结构松散,保水保肥力差,吸热散热快,温度、湿度变化大,这种土壤"发小苗不发老苗",作物供肥好,施肥后见效快,肥猛而短,没有后劲。砂性土壤由于保肥力差,一般有机质、养分含量少,肥力较低。因此,砂土要大量增施有机肥,提高土壤有机质含量,改善土壤保肥能力,由于砂土通气状况好、土性暖、有机质容易分解,施用未完全腐熟的有机肥料或牛粪等冷性肥料受影响比黏土地要小,有条件的地区可种植耐瘠薄的绿肥,以改善土壤理化性状。

(2)改善土壤结构。

有机肥料含有丰富的有机质和各种养分,可以为作物提供直接养分,而且可以活化土壤中的潜在养分,增强微生物活性,促进物质转化,丰富的有机质经过微生物和物理化学作用,形成腐殖质,而土壤腐殖质是形成水稳性团粒结构的重要的胶结剂。这样,在较长时间的浸水和水力轻微撞击下而不散开,仍能保持团粒结构的稳定性。团粒之间较大的大非毛管孔隙,能渗水和储存空气,而团粒内部和团粒接触处有些毛管孔隙,能蓄积水分,这样就解决了土壤透水和保水、蓄水和通气的矛盾。不仅如此,团粒土壤还具有良好的养分状况。这是由于团粒表面有好气细菌活动,能使有机质进行好气分解,有利于养分释放和作物根系的吸收作用;而在团粒内部,由于充满水分、缺乏空气,常以嫌气分解为主,把团粒内部的有机质转化为腐殖质,有利于积累养分。因此,增施有机肥料可有效改善土壤结构,促进作物对养分的均衡吸收,提高作物产量,改善农产品品质,降低环境污染,保护生态环境。

3)有机肥的制备

(1)制备方法。

秸秆沤制法:是指以晒干的麦秸、玉米秸等农作物秸秆,采用"三合一"方式,将秸秆、细干土、人畜粪尿按 6:3:1 的比例堆积沤制成有机肥的方法。沤制前,先将农作物秸秆用水泡透,紧接着将湿秸秆与细干土、人畜粪尿分别按 35 cm、6 cm、10 cm 的厚度依次逐层向上堆积,直至高达 1.5~1.6 m。然后用烂泥封闭,沤制 3~4 周时翻堆 1 次再密封,再经 2~3 周充分腐熟。

杂草沤制法:是指以半干的杂草与细干土、人畜粪便混合沤制成有机肥的方法。沤制前,将杂草晒至半干。沤制时,先在地面上铺 1 层 6~10 cm 厚的污泥或细土,后铺 1 层杂草,泼洒少量人畜粪尿,再撒盖 6~10 cm 厚的细干土,依次逐层堆积至高 1.5 m 左右,最后用烂泥密封。沤制 4~5 周时,须翻堆 1 次再密封,以使杂草充分腐熟。再经 2~3 周沤制即可施用。

高温沤制法:是以猪、牛、马、羊等粪尿与草皮或鲜嫩青草按 2:1 的比例,充分拌匀后加适量水堆成堆,最后用塑料薄膜密封提温沤制成有机肥的方法。沤制 3 周可充分腐熟,即可施用。

沤粪池积造法:将畜禽粪便放入密闭的沤粪池内直接进行充分发酵形成有机肥的方法。沤粪池积造的有机肥,养分损失少,有利于植物吸收。

（2）制备阶段。

有机肥的制作过程是一系列微生物对有机物质进行矿质化和腐殖化作用的过程。利用秸秆、杂草、树叶、各种绿肥、泥炭以及其他废弃物为主要原料，加入人畜粪尿进行堆积而成。主要分为以下几个阶段：

①发热阶段：堆肥堆制的初期，由于微生物活动和繁殖，有机物质开始分解并释放热量，温度不断升高。温度达 50 ℃左右的一段时间为发热阶段，有机物迅速分解，产生大量热量。

②高温阶段：当堆内温度高于 50 ℃，进入高温阶段，此阶段复杂的有机物如半纤维素、纤维素、蛋白质等强烈分解，同时产生黑色物质——腐殖质。此时要防止堆内温度过高、干燥和缺水，使温度应保持在 60 ℃左右为好。可采用加水、压紧的方法控制堆温。

③降温阶段：堆内温度超过 70 ℃后，大多数微生物不能适应而大量死亡或进入休眠状态。温度开始下降，降到 50 ℃以下时，中温性微生物又重新占优势，堆肥可进一步腐熟，腐殖质不断增加。此时大部分有机质被分解，剩余部分是难分解的成分，微生物活动逐渐减弱，产热量减少，堆温逐渐下降。

④腐熟保肥阶段：大部分有机质被分解后，堆内温度下降，此时进入腐熟阶段。此阶段重点是保存已形成的腐殖质和各种养分，特别是氮素养分。为此，应将堆肥压紧，造成嫌气条件，以提高腐殖化系数和保存氮素。

### 4.4.3.3　土壤培肥

健康的土壤是农业生产的必要条件，只有在健康肥沃的土壤上，才能生长出旺盛、百毒不侵的作物。

不同类型土壤的成分各有不同，但一般来讲，土壤的成分应包括：矿物质 45%、空气 25%、水 25%、有机质和其他各种生物 5%，当然这个比例会因时因地而发生变化。土壤中空气供应充足，微生物分解有机物的速度便会加快，养分供应亦会加快。水能将溶解后的养分带入植物体内。水分太少，不利于植物营养的吸收；水分太多，占据土粒间的空间，赶走空气，造成土壤缺氧环境，故水分太多或太少都不利于植物生长。

健康土壤具有以下特征：①土层深厚。土层深厚才能为植物生长和发育提供充分的水分和营养。②土壤固、液、气三相比例适当。一般土壤中，固相为 40%，液相为 20% ~ 40%，气相为 15% ~ 37%。③土壤质地疏松。土壤的质地关系到土壤的温度、通气性、透水性及保水、保肥性能等。质地太沙的土壤，通透性好，而保水保肥性差，土壤升温快、土温高；相反，质地太黏的土壤，通气透水性差，而保水保肥性好，土壤升温慢、土温低。因此，质地疏松的土壤，最适合作物根系的生长和正常发育。④土壤温度适宜。土壤温度直接影响到植物根系的生长、活动和土壤生物的生存。⑤土壤酸碱度适中。多数作物适应的土壤酸碱度为 6.5 ~ 7.5。⑥土壤有机质含量高。土壤有机质代表土壤供肥的潜力及稳产性，是评价土壤肥力的一个十分重要的综合指标。有机质含量用百分比（%）表示，有机质含量高的土壤供肥潜力大，抗逆性强。土壤有机质大于 2%为肥沃土壤，1%左右为中等肥力土壤，小于 0.5%为瘠薄地。⑦土壤生物丰富。土壤生物指标应当包括土壤微生物的生物量、微生物的活性、微生物的群落结构、土壤生物多样性、土壤动物区系、土壤酶等。利用生物指标，可以监测土壤被污染的程度，反映土地的种植制度和土壤管理耕作水平。

作为作物生长的物质基础，土壤不但需要保持健康，也需要维持一定的肥力，从而保障作物产量。土壤肥力是土壤所含营养物质的数量,并将这些物质以适当方式供给作物的能力。土壤在植物生长和发育过程中,不断地供应和协调植物需要的水、肥(养分)、气、热和其他生活条件的能力,称为土壤肥力。土壤肥力的核心是供应和协调植物需要的养分。土壤肥力与土壤质地、肥料的施用、土壤中的微生物有关。

土壤肥力与土质关系密切。土壤质地不同,土壤肥力也不同。一是不同质地的土壤其孔隙的数量及大小孔隙的比例不同,对保水性能、通透性能、温度状况及有害物质的产生等有重大影响;二是粗细不同的质地与土壤的养分含量及耕作性能有密切关系(见表4-15)。

表 4-15　土壤质地与土壤肥力的关系

| 土壤质地 | 有机质含量 | 养分含量 | 养分保持能力 | 适耕期 | 抗旱、抗涝能力 | 微生物含量 | 温度变化 |
|---|---|---|---|---|---|---|---|
| 砂土 | 少 | 少 | 弱 | 不限 | 弱、强 | 低 | 大 |
| 壤土 | 中等 | 中等 | 中等 | 较长 | 强、强 | 高 | 中等 |
| 黏土 | 多 | 多 | 强 | 短 | 强、弱 | 较高 | 小 |

常规农业以大量的化肥来维持高产量,但有机农业理论认为,土壤是个有生命的系统,施肥首先是培育土壤,土壤肥沃了,会增殖大量的微生物,再通过土壤微生物的作用供给作物养分。

有机农业土壤培肥是以根-微生物-土壤的关系为基础,采取综合措施,改善土壤的物理、化学、物化、生物学特性,协调根系-微生物-土壤的关系。

土壤肥料培植了大量微生物。微生物是生态系统的分解者,以土壤的肥料作为食物,使其数量得到大量增殖,所以土壤的肥力不同,土壤微生物的丰富度、呼吸墒、土壤酶活性、原生动物和线虫的数量和多样性均不相同。

同时根系自身可培养微生物,并具有改良土壤的作用。目前,根际微生物备受关注。所谓根际微生物,就是生活在根际表面及其周围的微生物。作物根一方面从土壤吸收养分供给植物,另一方面又将叶片制造的养分及根的一部分分泌物排放到土壤中。根的分泌物包括糖类和富含营养的物质,其数量占光合产物的 10% ~ 20%。土壤微生物以此为营养大量聚集到根的周围,并在那里生存、繁殖。此外,根系的分泌物中还包含果胶类黏性比较强的物质,它们可将土壤粒子黏在一起,促进土壤的团粒化。

微生物可以制造和提供根系生长的养分。微生物不仅接受根系的分泌物,并以此为食进行繁殖,而且制造氨基酸、核酸、维生素、生物激素等物质,供根系吸收。根际微生物也可将肥料中的养分变成根系可吸收的形态,供给作物根系吸收,使根系与根际微生物形成共生。

微生物将土壤养分送至根系。微生物可将土壤中难以被作物吸收的养分(不可利用态)变成容易被作物吸收的养分,或把根系不能到达位置的养分送到根部,所以根际微生物具有帮助作物稳定吸收土壤养分的作用,如 AV 菌根菌可以帮助植物吸收磷、镁、钙及铜、锌等微量元素。

另外,微生物可以调节肥效,当肥料不足时,微生物能促进肥效。当根养分过多时,微生物吸收丰富的无机养分储藏到菌丝体内,使根周围的养分浓度逐渐降低;当肥料不足时,随着微生物的死亡,被菌丝吸收的养分又逐渐释放出来,被作物吸收。这是微生物为了自身的生存而适应环境的结果。

微生物制造的养分,可以提高作物的抗逆性,改善产品的品质。微生物在活动中或死亡后所排出的物质,不仅是氮、磷、钾等无机养分,还产生多种氨基酸、维生素、细胞分裂素、植物生长素、赤霉素等植物激素类生理活性物质,它们刺激根系生长、叶芽和花芽的形成、果实肥大、固形物增加、提高作物的抗逆性,改善产品品质。

用地与养地结合是不断培育土壤,实现有机农业持续发展的重要途径。关于有机农业土壤的综合培肥的实践,应从以下几个方面入手。

1. 水

水是最宝贵的资源之一,也是土壤最活跃的因素,只有合理的排灌才能有效地控制土壤水分,调节土壤的肥力状况。以水控肥是提高土壤水和灌溉水利用率的很有效的方法,应根据具体情况,确定合理的灌溉方式如喷灌、滴灌和渗灌(地下灌溉)等。

2. 肥料

肥料是作物的粮食,仅靠土壤自身的养分是不可能满足作物需要的,因此广辟肥源、增施肥料是解决作物需肥与土壤供肥矛盾及培肥土壤的重要措施。首先要增施有机肥,加速土壤熟化。一般来说,土壤的高度熟化是作物高产稳产的根本保证,而土壤的熟化主要是由于活土层的加厚及有机肥的作用。有机肥是培肥熟化土壤的物质基础,有机、无机矿物源肥料相结合,既能满足作物对养分的需求,又能增加土壤的有机质含量,改善土壤的结构,是用养结合的有效途径。

3. 合理轮作

合理轮作、用养结合,并适当提高复种指数。合理地安排作物布局,能充分有效地维持和提高土壤肥力,如与豆科作物轮作,利用豆科的生物固氮作用增加土壤中氮素积累,为下茬或当茬作物提供更多的氮素营养。

4. 土地耕作

平整土地、精耕细作、蓄水保墒、通气调温是获取持续产量的必要条件。土地平整是高产土壤的重要条件,可以防止水土流失,提高土壤蓄水保墒能力,协调土壤、水、气的矛盾,充分发挥水、肥、气作用,保证作物正常生长;土壤耕作则是指对土壤进行耕地、耙地等农事操作。耕作可以改善土壤耕层和地面状况,为作物播种,出苗和健壮生长创造良好的土壤环境,同时,耕层的疏松还有利于根系发育、保墒、保温、通气,以及有机质和养料的转化。

总之,有机农业的土壤培肥不是一朝一夕的事情,不仅要做到土壤水、肥、气、热等因子之间的相互协调,还要使这种协调关系持续不断地保持下去,才能达到持续稳产的目的。

#### 4.4.3.4 土壤施肥

施肥是补充和增加土壤养分的最有效手段。做到合理施肥、经济用肥,最重要的是掌握合理施肥的五个基本原则。①植物必需营养元素的同等重要、不可替代。尽管植物对必需的营养元素的需要量不同,但就它们对植物的重要性来说,都是同等重要的。因为它们各自具有特殊的生理功能,不能相互替代。大量元素固然重要,微量元素也同样影响植物的健康生长。②土壤的养分需要归还。人类在土地上种植作物、收获产品,必然要从土壤中带走大量养分,土壤养分含量愈来愈少,使地力逐渐下降。要想恢复地力,必须归还从土壤中拿走的全部东西,就必须向土壤施加肥料。作物产量有 40%~80% 的养分来自土壤,但土壤不是一个取之不尽、用之不竭的养分库,必须要依靠施肥的形式,把作物的养分"归还"于土壤,才能使土壤保持原有的生命活力。③保障作物需要的最小养分。要保证作物正常发育从而获得高产,就必须满足作物所需要的一切营养元素。其中有一种元素达不到需要量,作物生长就会受到影响,产量就受这一最小养分的制约。如果无视这个限制因素的存在,即使继续增加其他营养成分也难以提高产量。④作物生长情况是因子综合作用的结果。影响作物生长发育的因子很多,如水分、光照、温度、空气、养分、品种等,作物的生长和产量取决于这些因素的综合作用。假如某一因素和其他因素配合失去平衡,就会制约作物的生长和产量的提高。合理施肥是作物增产综合因子中重要因子之一,为了充分发挥肥料的增产作用,施肥必须与其他农业技术措施相结合;同时还要重视各种养分之间的配合施用。⑤土壤报酬递减。当某种养分不足限制了作物产量的提高时,通过施肥补充养分,可获得明显的增产。然而,施肥量和产量之间并不是正相关的关系,当施肥量超过一定限度,作物产量随着施肥量的增加而呈递减趋势,肥料报酬出现负效应。施肥要有限度,这个限度是获得最高产量时的施肥量,超过施肥限度,就是盲目施肥,必然会遭受一定的经济损失。报酬递减律,是以其他技术条件相对稳定为前提的。

### 1. 土壤施肥量的确定

作物施肥数量的多少取决于作物产量需要的养分量、土壤供肥能力、肥料利用率、作物栽培要求等因素,其中根据作物经济产量,确定有效的施肥量,是保证植物营养平衡和持续稳产的关键(见表 4-16)。

作物的营养来源于土壤矿化物的释放、上茬作物有机质的分解和当茬作物的肥料补充。一般对氮素的利用率,水田平均利用率为 35%~60%,旱田平均利用率为 40%~75%;磷的利用率为 10%~25%;钾肥的利用率为 10%~25%;有机肥中磷的利用率为 20%~30%,钾的利用率为 50%。

### 2. 肥料种类和施用方式

常见的肥料包括农家肥、堆沤肥、矿物肥料、绿肥和生物菌肥。

#### 1) 农家肥

农家肥是有机农业生产的基础,适合小规模生产和分散经营模式,是综合利用能源的有效手段,是有机农业低成本投入的有效形式,大量施用农家肥可促进有机农业生产种植与养殖的有效结合,可实现低成本的良性物质循环。农家肥的种类和营养含量见表 4-17。

(1) 人粪尿。尿素和食盐的含量高,氯离子含量高,含有大量寄生虫卵和各种传染病菌;在施用前要经过彻底腐熟和无害化处理。

(2) 猪粪尿。质地细、成分复杂、木质素少,总腐殖质含量高,比羊粪高 1.19%,比牛粪高 2.18%,比马粪高 2.38%。猪尿中以水溶性尿素、尿酸、马尿酸、无机盐为主,pH 中性偏碱。

(3) 鸡粪。养分含量高,全氮为 1.039%,是牛粪的 4.1 倍;全钾为 0.72%,是牛粪的 3.1 倍;在堆肥过程中,易发热,氮素易挥发。鸡粪应干燥存放,施用前再沤制,并加入适量的钙镁磷肥起到保氮作用。它适用于各种土壤,因其分解快,宜作追肥,也可与其他肥料混用作基肥。鸡粪可提高作物的品质,施用鸡粪的小白菜的葡萄糖和蔗糖的含量超过施用豆饼的小白菜;在葡萄上施用鸡粪,可溶性糖和维生素 C 的含量最高。尿酸多,施用量不宜超过 300 000 kg/hm$^2$,否则会引起烧苗。

表4-16　不同作物经济产量100 t、1 000 t 的需肥量　　　　　（单位：t）

| 作物种类 | 氮（N） | 磷（P$_2$O$_5$） | 钾（K$_2$O） |
|---|---|---|---|
| 玉米（籽粒）[1] | 2.60 | 0.90 | 2.10 |
| 甘薯[2] | 3.50 | 1.75 | 5.50 |
| 大豆（籽粒）[1] | 6.60 | 1.30 | 1.80 |
| 冬小麦[1] | 3.00 | 1.25 | 2.50 |
| 油菜籽[1] | 5.80 | 2.50 | 4.30 |
| 花生果[1] | 6.80 | 1.30 | 3.80 |
| 芝麻[1] | 8.23 | 2.07 | 4.41 |
| 皮棉[1] | 15.00 | 6.00 | 10.00 |
| 水果[2] | | | |
| 柑橘 | 6.0 | 1.1 | 4.0 |
| 梨 | 4.7 | 2.3 | 4.8 |
| 苹果 | 3.0 | 0.8 | 3.2 |
| 桃 | 4.8 | 2.0 | 7.6 |
| 柿 | 5.9 | 1.4 | 5.4 |
| 葡萄 | 6.0 | 3.0 | 7.2 |
| 草莓（鲜果） | 3.1~6.2 | 1.4~2.1 | 4.0~8.3 |

注：[1] 为作物经济产量100 t；[2] 为作物经济产量1 000 t。

表4-17　农家肥种类及营养含量　　　　　　　　　　　（%）

| 肥料名称 | 氮（N） | 磷（P$_2$O$_5$） | 钾（K$_2$O） |
|---|---|---|---|
| 人粪尿 | 0.60 | 0.30 | 0.25 |
| 人尿 | 0.50 | 0.13 | 0.19 |
| 人粪 | 1.04 | 0.50 | 0.37 |
| 猪粪尿 | 0.48 | 0.27 | 0.43 |
| 猪尿 | 0.30 | 0.12 | 1.00 |
| 猪粪 | 0.60 | 0.40 | 0.14 |
| 猪厩粪 | 0.45 | 0.21 | 0.52 |
| 牛粪尿 | 0.29 | 0.17 | 0.10 |
| 牛粪 | 0.32 | 0.21 | 0.16 |
| 牛厩粪 | 0.38 | 0.18 | 0.45 |
| 羊粪尿 | 0.80 | 0.50 | 0.45 |
| 羊尿 | 1.68 | 0.03 | 2.10 |

续表 4-17

| 肥料名称 | 氮(N) | 磷($P_2O_5$) | 钾($K_2O$) |
|---|---|---|---|
| 羊粪 | 0.65 | 0.47 | 0.23 |
| 鸡粪 | 1.63 | 1.54 | 0.85 |
| 鸭粪 | 1.00 | 1.40 | 0.60 |
| 鹅粪 | 0.60 | 0.50 | 1.00 |
| 蚕沙 | 1.45 | 0.25 | 1.11 |
| 饼肥类 | | | |
| 菜籽饼 | 4.98 | 2.65 | 0.97 |
| 黄豆饼 | 6.30 | 0.92 | 0.12 |
| 棉籽饼 | 4.10 | 2.50 | 0.90 |
| 蓖麻饼 | 4.00 | 1.50 | 1.90 |
| 芝麻饼 | 6.69 | 0.64 | 1.20 |
| 花生饼 | 6.39 | 1.10 | 1.90 |
| 绿肥类(鲜草) | | | |
| 紫云英 | 0.33 | 0.08 | 0.23 |
| 紫花苜蓿 | 0.56 | 0.18 | 0.31 |
| 大麦草 | 0.39 | 0.08 | 0.33 |
| 小麦草 | 0.48 | 0.22 | 0.63 |
| 玉米秆 | 0.48 | 0.38 | 0.64 |
| 稻草 | 0.63 | 0.11 | 0.85 |
| 堆肥类 | | | |
| 麦秆堆肥 | 0.88 | 0.72 | 1.32 |
| 玉米秆堆肥 | 1.72 | 1.10 | 1.16 |
| 棉秆堆肥 | 1.05 | 0.67 | 1.82 |
| 生活垃圾 | 1.35 | 0.80 | 1.47 |
| 灰肥类 | | | |
| 棉秆灰 | (未经分析) | (未经分析) | 3.67 |
| 稻草灰 | (未经分析) | 1.10 | 2.69 |
| 草木灰 | (未经分析) | 2.00 | 4.00 |
| 骨灰 | (未经分析) | 40.00 | (未经分析) |
| 杂肥类 | | | |
| 鸡毛 | 8.26 | (未经分析) | (未经分析) |
| 猪毛 | 9.60 | 0.21 | (未经分析) |

（4）马粪。纤维较粗，粪质疏松多孔，通气良好，水分易于挥发；马粪中含有较多的纤维素分解菌，能促进纤维分解；因而，较牛粪和羊粪分解腐熟速度快，发热量大，属热性肥料，是高温堆肥和温床发热的好材料。

2）堆沤肥

堆沤肥包括厩肥、堆肥、活性堆肥、沤肥和沼气肥。

（1）厩肥。牲畜粪尿与各种垫圈物料混合堆沤后的肥料，包括猪圈肥、牛栏肥、羊圈肥、马厩肥、鸡窝肥等。

（2）堆肥。是利用秸秆、落叶、杂草、绿肥、人畜粪尿和适量的石灰、草木灰等物进行堆制，经腐熟而成的肥料。在有机农业生产中对堆肥的要求，不仅是堆制材料的腐解和养分要求，而且要求通过堆沤的过程，实现无害化。一方面为了环境卫生和保障人民健康，堆肥必须通过发酵，杀灭其中的寄生虫卵和各种病原菌；另一方面为了作物的健康生长，要通过发酵，杀死各种危害作物的病虫害及杂草种子。此外，对于秸秆，需要通过发酵以消除秸秆产生的对作物有毒害的有机酸类物质；对于一些饼粕类物质，也需通过发酵以保障对作物不产生中毒现象。

（3）活性堆肥。是在油渣、米糠等有机质肥料中加入山土、黏土、谷壳等，经混合、发酵制成的肥料。这是日本从事有机农业生产最常用、最普遍的堆肥方式，利用此法堆制的肥料较一般堆肥具有活性高、营养丰富的特点，在堆肥效果上表现为植株叶变厚、节间变短，果菜类蔬菜坐果稳定、果实光泽好、糖分增加、耐储藏，不易受病虫害的危害等。

（4）沤肥。是利用秸秆、山草、水草、牲畜粪便、肥泥等就地混合，在田边地角或专门的池内沤制而成的肥料。沤制的材料与堆肥相似，所不同的是沤肥是嫌气常温发酵，原料在淹水条件下进行沤制。

（5）沼气肥。是有机物在密闭、嫌气条件下发酵制取沼气后的残留物，是一种优质的、综合利用价值大的有机肥料。6~8 m³ 的沼气池可年产沼气肥 9 t，沼液的比例占85%，沼渣占 15%。沼渣宜作底肥，一般土壤和作物均可施用。长期连续施用沼渣替代有机肥，对各季作物均有增产作用，同时还能改善土壤的理化特性，增加土壤有机质积累。沼液肥是有机物经沼气池制取沼气后的液体残留物。与沼渣相比，沼液养分较低，但速效养分高，属于速效性肥料，而且沼液量多，提供的养分也多。沼液一般作追肥和浸种。作追肥施用可开沟、顺垄条施或普通泼施，增产效果明显。浸种能提高种子发芽率、成活率和抗病性。此外，沼液可杀虫和防病，对蚜虫和红蜘蛛有很好的防效；对蔬菜病害、小麦病害和水稻纹枯病均有良好的防治和预防作用。

3）矿物源肥料

矿物源肥料包括磷肥、钾肥、钙肥、镁肥、硫肥、铁肥、锌肥、硼肥、锰肥和钼肥等。

（1）磷肥。按其磷酸盐的溶解度可分为难溶性磷肥、水溶性磷肥和弱酸溶性磷肥 3 种类型。其中，水溶性磷肥是属于化肥范围，在有机农业中是禁止使用的（如过磷酸钙、重过磷酸钙）；难溶性的磷肥（如磷矿粉等）和弱酸性磷肥（如钙镁磷肥、钢渣磷肥）可以作为有机农业生产中的磷肥补充。

（2）钾肥。钾是植物生长必需的营养元素。有机肥、草木灰、天然钾盐和窑灰钾肥等都是有机农业中钾肥的来源。

（3）钙肥。含钙的肥料包括石灰、钙镁磷肥、磷矿粉和窑灰磷肥等。石灰是最主要的钙肥，包括生石灰(氧化钙)、熟石灰(氢氧化钙)、碳酸石灰(碳酸钙)3 种。

（4）镁肥。主要来源于土壤和有机肥。土壤中含镁(MgO)的量为 0.1%～4%，多数为 0.3%～2.5%，主要受成土母质、气候、风化和淋溶程度的影响。北方的土壤中镁的含量均在 1%以上。有机肥中含有大量的镁肥，如厩肥中含镁量为干物质的 0.1%～0.6%，所以在以有机肥为主要肥源的有机农业中，镁的缺乏不如常规农业普遍。

（5）硫肥。主要存在于有机质中。土壤有机质含量高，含硫量也高，含硫的肥料有石膏和硫黄。石膏是最重要的硫肥，农用石膏有生石膏、熟石膏和含磷石膏 3 种，使用时先将石膏磨碎，通过 60 目的筛孔，以提高其溶解度。

（6）铁肥。主要存在于土壤中，铁在土壤中以二价铁和三价铁的形式存在，其数量的分配与土壤的酸碱度和氧化还原电位密切相关，当土壤为碱性和氧化还原电位高时，三价铁比例高，而植物吸收的铁是二价铁，所以在石灰性土壤和砂质土壤易发生缺铁现象。

（7）锌肥。锌是植物生长的必需微量元素。

（8）硼肥。硼对作物的最重要的影响是促进早熟和改善果实的品质，提高维生素 C 的含量，提高含糖量，降低含酸量。增强作物的抗逆性和抗病性。施硼能够降低马铃薯疮痂病、甜菜心腐病、萝卜褐腐病、甘薯褐斑病、芹菜折茎病和向日葵白腐病的发病率。

（9）锰肥。锰是叶绿素的组成物质，促进种子和果实的成熟，在作物体中不易移动，因此缺锰症从新叶开始。缺锰的土壤主要是北方石灰性土壤。

（10）钼肥。可将硝态氮变成铵态氮，促进维生素 C 的合成，钼的供给量与土壤和农业技术措施密切相关。

4）绿肥

绿肥的主要种类有毛叶苕子、草木樨、紫穗槐、沙打旺、三叶草、紫花苜蓿、紫云英等。它的作用包括：①增加土壤氮素与有机质含量；②富集和转化土壤养分；③绿肥作物根系发达，吸收利用土壤中难溶性矿质养分的能力很强；④改善土壤理化性状，加速土壤熟化，改良低产土壤；⑤绿肥能提供较大量的新鲜有机物质与钙素等养分；⑥减少水、土、肥的流失和固沙护坡；⑦改善生态环境；⑧绿肥覆盖能调节土壤温度，有利于作物根系的生长。

5）生物菌肥

以特定微生物菌种生产的含有活微生物的肥料。根据微生物肥料对改善植物营养元素的不同，可以分成根瘤菌肥料、磷细菌肥料、钾细菌肥料、硅酸盐细菌肥料和复合微生物肥料 5 类。微生物肥料可用于拌种，也可作为基肥和追肥使用。在生物菌肥中，禁止使用基因工程(技术)菌剂。

3. 有机肥的施用

1）作基肥施并深施

（1）尽量将有机肥深施或盖入土里，避免地表撒施肥料现象，减少肥料的流失浪费和环境污染。

（2）作物苗期基肥要深施或早施，尤其要严格控制作物苗期氮肥的施用量。

（3）要按作物生长营养需求规律来施肥，一般生长期短的作物可作底肥一次性施入，生长期长的作物栽培施肥，应该分前后期来施用，做到"前轻、后重"，才能达到预期的目标产量。

有机肥肥效长,养分释放缓慢,一般应作基肥施用。深耕结合有利于土肥相融,促进水稳性团粒结构的形成,有效地改良土壤。

2)充分腐熟发酵后再施用

有机生物肥料能活化土壤、改良土壤,增强农作物的抗病、抗虫、抗灾能力,能提高作物品质和增加产量。但自然界中的禽畜栏、人畜粪肥及饼粕类等有机肥必须要充分腐熟发酵后再施用。因为许多有机肥料带有病菌、虫卵和杂草种子,有些有机肥料中还含有不利于作物生长的有机化合物,所以均应经过堆沤发酵、加工处理后才能施用,生粪不能下地。经过发酵后,一是均衡了有机肥中的酸性,减少了硝酸盐含量,补充了水分,有利于与自然界土壤中微生物的协调;二是发酵后能杀灭直接给作物和土壤带来危害的有害病菌和寄生虫卵。

3)合理混施

羊粪的养分含量在家畜粪便中最高,其中 N、Ca、Mg 含量很高,分解速度较快,粪劲较猛,为达到粪劲平稳,应在羊粪中加入猪粪或牛粪混合施用。

**4. 沼液叶面施肥**

沼液叶面施肥的技术要点如下所述:

(1)方式:可单施,也可以与其他有机肥混合施用。以喷施叶背面为主,以利养分吸收。

(2)沼液要求:采用正常产气 1 个月以上的沼气池,澄清、纱布过滤。

(3)喷施季节:农作物萌动抽梢期(分蘖期)、花期(孕穗期始果期)、果实膨大期(灌浆结实期)、病虫害暴发期。每隔 10 d 喷施 1 次。

(4)喷施时间:春、秋、冬季上午露水干后(上午 10:00 左右)进行,夏季傍晚为好,中午高温及暴雨前不要施。

(5)喷施浓度:幼苗、嫩叶期 1 份沼液加 1~2 份清水;夏季高温,1 份沼液加 1 份清水;气温较低,老叶(苗)时,不加水。

(6)用量:视农作物品种和长势而定,一般每亩 40~100 kg。

沼液叶面肥施用如图 4-15 所示。

## 4.4.4　作物病虫草害防控技术

有机农业是一种完全不用化学肥料、农药、生长调节剂、畜禽饲料添加剂等合成物质的农业生产形式,其核心是建立和恢复农业生态系统的生物多样性和良性循环,以维持农业的可持续发展。

在有机农业生产体系中,有机农业生产病虫害防治的基本原则是,应从作物–病虫害等整个生态系统出发,要求在最大的范围内尽可能依靠轮作、抗虫品种、综合应用各种非化学手段控制作物病虫害的发生。实行以防为主,综合防治的方针。以生物防治、农业防治和物理防治为重点,开展病虫害预测预报,做到对病虫害治早、治准,防治效果好。它要求每个有机农业生产者从作物病虫草等生态系统出发,综合应用各种农业、生物、物理的防治措施,创造不利于病虫草滋生和有利于各种自然天敌繁衍的生态环境,保证农业生态系统的平衡和生物的多样性,减少各类病虫草害所造成的损失,逐步提高土地再生利用能力,达到持续、稳定增产的目的。所以,有机农业与常规农业的根本区别在于土壤培肥和

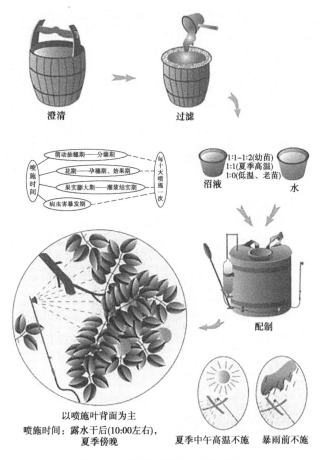

澄清　　　　过滤

萌动抽穗期——分蘖期
花期——孕穗期、始果期
果实膨大期——灌浆结实期
病虫害暴发期

喷施时间

每十天喷施一次

1:1~1:2(幼苗)
1:1(夏季高温)
1:0(低温、老苗)

沼液　　水

配制

以喷施叶背面为主
喷施时间:露水干后(10:00左右),
夏季傍晚

夏季中午高温不施　暴雨前不施

**图4-15　沼液叶面肥施用示意图**

病虫草害防治技术的不同。

表4-18为常规农业与有机农业植保技术的比较。

中国国家标准规定:病虫草害防治的基本原则应是从作物–病虫草害整个生态系统出发,综合运用各种防治措施,创造不利于病虫草害滋生和有利于各类天敌繁衍的环境条件,保持农业生态系统的平衡和生物多样化,减少各类病虫草害所造成的损失。优先采用农业措施,通过选用抗病抗虫品种,非化学药剂种子处理,培育壮苗,加强栽培管理,中耕除草,秋季深翻晒土,清洁田园。轮作倒茬、间作套种等一系列措施起到防治病虫草害的作用。还应尽量利用灯光、色彩诱杀害虫,机械捕捉害虫,机械和人工除草等措施,防治病虫草害。

#### 4.4.4.1　病虫草害防治的综合途径

有机农业病虫草害防治遵循"预防为主,综合治理"的原则。在有机农业生产中禁止使用人工合成的除草剂、杀菌剂、杀虫剂、植物生长调节剂和其他农药,禁止使用基因工程或其产物。基于常规农业存在的弊病,有机农业本着尊重自然的原则,应从生态系统出发,以作物为核心,综合应用各种农业的、生物的、物理的防治措施,创造不利于病虫草滋生和有利于各类自然天敌繁衍的生态环境,保证农业生态系统的平衡和生物多样化,减少各类病虫草害所造成的损失,达到持续、稳定增产的目的。

**表 4-18　常规农业与有机农业植保技术的比较**

| 项目 | 常规农业 | 有机农业 |
|---|---|---|
| 原则 | 可以使用人工合成的化学农药 | 禁止使用人工合成的化学农药 |
| 目标 | 以病虫草为核心,最终导致病虫抗性增强、害虫猖獗、农产品不安全 | 以作物为核心,提倡健康的土地、健康的作物和健康的人 |
| 环境 | 对生态环境有很大负面影响 | 较好地保护了生态环境,形成农业可持续性发展 |
| 害虫 | 产生抗性,次生害虫猖獗 | 害虫不易产生抗性,害虫种群稳定,不易暴发 |
| 天敌 | 杀伤天敌,害虫与天敌失去平衡 | 保护天敌,充分发挥天敌的自然控制作用,建立害虫天敌的生态平衡 |
| 对外来物质的依赖 | 依赖性强,主动性差 | 不依赖外来物质,主动性强 |
| 能源 | 浪费不可再生的能源 | 节约不可再生的能源,因地制宜多方取材 |
| 人类健康 | 有害物质大量使用,潜在慢性毒性积聚 | 安全 |
| 生产投入 | 生产成本高,恶性循环 | 生产成本低,良性循环 |

注:本表资料来源:黄国勤,等,有机农业:理论、模式与技术[M].中国农业出版社,2008,第106页。

一般通过综合使用农业防治、物理防治和生物防治的途径达到预防和控制植物病虫草害的目的。

1. 农业防治

农业防治具有长期的预防作用,有些农业措施本身就有直接防治病虫害的作用。

1)抗性品种

选育抗病作物及品种,尽量采用复合抗性、中抗、耐害品种,使用时在附近种植一些感性品种,让害虫的敏感性基因有出口,这样可延长抗虫、抗病作物的使用寿命;培养健壮植株,提高植株抗性。

2)轮作倒茬

作物种类很多,合理地组合种植,不仅可以充分利用土壤肥力、改良土壤,而且直接影响土壤中寄生生物的活动。土壤连作一方面由于消耗地力,影响作物的生长发育,降低作物的抗病能力;另一方面,连续种植一种作物,寄生生物逐年在土壤中大量繁殖和累积,形成病土,使病虫害周而复始、恶性循环地感染危害作物。

3)清洁田园

清洁田园是一种简单而实用的办法,其方式为:①可以将作物生长期间初发病的叶片、果实或病株等及时清除或拔去,以免病原菌在田间扩大、蔓延。清洁田园主要是在病害初浸染阶段,它具有减少病原生物再浸染的作用。②作物采收后,把遗留在地面上的病残株集中烧毁或深埋。田间的枯枝、落花、落果、遗株等各种农作物残余物均潜藏着多种病虫害,田间及附近的杂草常是某些病虫害的野生寄主。

2. 物理防治

1)土壤热力消毒

土壤热力消毒利用烧土、烘土、土壤蒸汽、日晒等进行土壤灭菌,在塑料大棚内利用高温灭菌的方法防治土传病害。夏季高温期间,在两茬作物间隙进行灌水,然后在畦面上覆盖塑料薄膜,利用夏季太阳光能进行高温消毒。5~7 d 后再进行种植,有很好的土壤排盐、消毒作用。如茬口允许,可进行多次灌水,这样土壤消毒的效果将更好。

2)趋性诱杀

趋性诱杀主要是根据害虫对光、波、色、化学物质等的趋性进行扑杀。黑光灯可以诱杀许多害虫,一般 1 hm² 面积挂一个黑光灯,就能达到很好的灭虫效果。如悬挂 20 cm×20 cm 的黄板,涂上机油或悬挂黄色黏虫胶纸,诱杀对黄色有趋性的蚜虫、白粉虱等。很多夜蛾类对一些含有酸酒气味的物质有着特别的喜好,用糖液诱集黏虫、甜菜夜蛾等夜蛾科害虫已成为防治此类害虫的有效方法。杨树、柳树、榆树等含有某种特殊的化学物质,对很多害虫有很好的诱集能力。在田间放置一定数量的杨树枝,可诱使棉铃虫在上面产卵,然后把产有棉铃虫卵的杨树枝集中烧毁,以达到灭虫的效果。

多数昆虫有趋光性,电灯、汽灯、油灯或篝火均可作为光源诱集昆虫。可在灯下放置水盆,水面上洒少量洗衣粉,害虫趋光落水致死。各种光源诱虫效果不一,黑光灯为紫外光灯的一种,波长 365 nm,诱虫效果比普通灯光强,能诱集多种昆虫。此外,还可利用某些害虫的趋化性、对栖息和越冬场所的要求、对植物取食产卵等趋性而进行诱杀。如诱蛾器皿内置糖、醋、酒液,可诱杀多种害虫。

3. 生物防治

生物防治可以取代化学农药,不污染作物和环境。生物防治是利用生物有机体或它的代谢产物来控制农作物病虫草鼠等有害生物的危害,减少作物损失的方法,具有对人畜、生态环境安全,不杀伤天敌,无污染残留,确保农产品安全优质等特点和优点。其内容包括以虫治虫、以菌治虫、以菌控病及其他有益生物、自然的或人工合成的昆虫激素的利用等技术。

1)以虫治虫

害虫的天敌很多,全世界引渡成功的天敌已近 300 种。我国现已实践应用、能大量繁殖的天敌昆虫有赤眼蜂、平腹小蜂等寄生蜂类和草蛉、捕食螨等虫螨类。利用自然界有益昆虫和人工释放的昆虫来控制害虫的危害有寄生性天敌,如寄生蜂、寄生蝇、线虫、原生动物、微孢子虫;捕食性天敌,如瓢虫、草蛉、猎春、蜘蛛等。最成功的是人工释放赤眼蜂防治玉米螟技术的广泛应用。

2)以菌治虫

以菌治虫是 20 世纪 80 年代新兴的生物防治技术。它是利用昆虫的病原微生物杀死害虫,主要包括病原细菌、真菌、病毒、拮抗性细菌、益菌等种类的利用,如苏云金杆菌(Bt)、白僵菌、绿僵菌、杆状病毒(核型多角体病毒 NPV 和颗粒体病毒 CV)和拮抗菌等。这类病原微生物对人畜均无影响,使用时比较安全,无残留毒性,害虫对细菌也无法产生抗药性。苏云金杆菌能在害虫新陈代谢过程中产生一种毒素,使害虫食入后发生肠道麻痹,引起四肢瘫痪,停止进食,防治玉米螟、稻苞虫、棉铃虫、烟素虫、菜青虫均有显著效果,成为当今世界微生物农药杀虫剂的首要品种。

3)以菌控病

以菌控病是利用微生物在代谢中产生的抗生素来消灭病菌,主要有赤霉素、春雷霉素、多抗霉素等生物抗生素农药。20 世纪 80 年代以来,井冈霉素、春雷霉素(加收米)、农用链霉素等已广泛用于防治水稻纹枯病、稻瘟病等农作物病害,井冈霉素一直是防治纹枯病的主导产品,后来相继出现了农抗 120、宁南霉素、武夷菌素、新植霉素等及其制剂。农抗 120 是我国自行研制的碱性苷类农用抗生素杀菌剂,也是目前应用时间最久、推广面积最大的生物农药制剂之一,能有效防治葫芦科和茄科瓜果、十字花科叶菜、禾本科粮食作物及果树韧皮部发生的土传、气传、秆腐 3 大类病害,如枯萎、茎枯、纹枯、叶斑、炭疽、白粉、立枯、白绢、根腐、茎腐(枯)等类数十种真菌性病害;宁南霉素可有效防治烟草花叶病、蔬菜病毒病、麦类、蔬菜和花卉白粉病及水稻白叶枯病等多种病害,尤其是对茄椒病毒病具有特效;武夷菌素、新植霉素等对防治瓜、菜白粉病、炭疽病、枯萎病、软腐病、黑斑病等均有良好效果。

4)植物灭虫

常用治虫植物有烟草、大蒜、苦楝、鱼藤、皂角、闹羊花等 10 多种,相应的制剂有烟碱、鱼藤酮、印楝素、大蒜素、苦参碱制剂等,对直翅目、鞘翅目、同翅目、鳞翅目和膜翅目等 200 多种害虫有效。光活化素类和精油是植物性杀虫剂中新兴的技术。光活化素类是利用一些植物次生物质在光照下对害虫、病菌的毒效作用,这种物质叫光活化素。用他们制成光活化农药,是一类新型的无公害农药。精油是植物组织中的水蒸气蒸馏成分,具有植物的特征气味,较高的折光率等特性,对昆虫具有引诱、杀卵、影响昆虫生长发育等作用,也是一种新型的无公害生物农药。

5)诱剂灭虫

诱剂灭虫这种方法一是利用性诱剂对雄虫强烈的引诱作用捕杀雄虫;另一种途径是利用性信息素挥发的气体弥漫迷惑雄虫,使它不能正确地找到雌虫的位置。两种方法都可以减少雌雄虫的交配概率,从而使下一代虫口密度大幅度降低。目前常用的有玉米螟性诱剂、小菜蛾性诱剂、梨小食心虫性诱剂等。

### 4.4.4.2　杂草

杂草是农业生产中的一大生物灾害,它和作物争夺养分,是病虫的中间寄主,并且生命力顽强,传播能力强,屡灭不绝,成为农业生产中的重要灾害,比如小麦中的黑麦草。所以在生产中开始大量使用除草剂,结果却是污染了环境。

杂草的防除也是有机农业需要解决的难题。从事有机耕作的农民与科研人员对杂草的基本观点是:杂草应采用非化学方法进行控制,以免损伤土壤与作物,低密度的杂草或某些杂草品种是可以容忍的;杂草是土壤肥力状况的指示,因作物在肥沃的土壤上可获得竞争优势。此外 Walters 和 Fenzeu 认为一些有害杂草或杂草的聚集显示着田间有机物腐化过程的不适当或腐化不完全;某些杂草在维持土壤肥力、控制害虫、提供动物营养方面起重要作用,这类杂草应得到保护。许多农民在休闲地允许杂草旺长,认为杂草保护土壤与防止营养流失,起到了绿肥的作用。

在有机农业的生产理念中,杂草除了有危害的一面,还有可以利用的一面,比如保护土壤,显示生产环境的变化,休闲土地,并且可以成为绿肥,同时可以提高农田的生物多样性,成为天敌的栖息地。

有机农业中采用非化学方法清除田间杂草,消除杂草种子的传播。具体技术包括:①清除杂草种子,有机肥要腐熟,种子要纯净;②先促进田地的杂草生长,然后翻耕田地,进行播种;③采用田间覆盖,减少杂草的光合作用,抑制杂草生长;④提前直播,使作物早于杂草生长,加大生产密度以减少杂草的生长空间;⑤适时人工锄草;⑥田间实行合理的轮作和间套作,抑制某种杂草成为优势杂草;⑦放养一些食草生物,进行生物防治;⑧采用天然的生物性的除草剂,防治杂草;⑨建立隔离带,防止生产区外的杂草种子的传播,尤其是放牧和引进的有机肥是杂草传播的重要途径。

杂草在一定程度上会争夺作物的空间、光线、养分等,但同时杂草的存在对于保持农田生态的多样性、防止土壤侵蚀上起到了一定的作用,所以应该综合地看待杂草。与作物生长习性相似的杂草,会与作物争夺空间、光线、养分与水分,应及时去除,以免影响作物的生长。在作物生长收获后,杂草可成为病由的替代寄主,杂草种子混入作物中也影响产品的质量。对上述杂草应予以清除,但必须采用非化学方法进行控制,以免损害土壤与作物。杂草可指示土壤结构与营养状况出现的问题。一些有害杂草或杂草的聚集显示田间有机物腐化过程的不适当或腐化不完全,一些杂草的出现则指示土壤有酸化现象。在休耕期可允许杂草的旺长,这样可有效防止土壤的侵蚀、防止养分流失、提供牲畜营养、起到绿肥的作用等。杂草的控制管理并不是全部清除。因为考虑到田间生物多样性,所以不能忽视了杂草的益处,杂草控制要以能达到与作物间协调平衡为度;低水平的杂草不会对作物造成经济威胁,没有必要进行控制。

从有机农业的杂草观可知,有机农业充分考虑杂草的利弊,控制杂草的中心方法是调控作物与杂草的关系,创造有利于作物而不利于杂草的环境条件,使作物生长超过杂草生长。概括起来主要有以下控制手段:

(1)防止杂草种子的播种。

播种前清除作物种子中夹杂的杂草种子,使用的有机肥必须充分腐熟。

(2)作物种植前清除杂草。

在作物播种、移栽前对田块进行翻耕、灌溉,使杂草萌芽,然后翻耕一次,清除萌发的杂草;作物生长过程通过灌溉管理防草,如在水稻生长早期保持淹水 3 cm、生长后期淹水 10 cm,可控制大多数杂草的生长。

(3)利用太阳能除草。

采用透明塑料薄膜在晴天覆盖潮湿田块 1 周以上,使温度超过 65 ℃,以杀死杂草种子、减少杂草数量,同时也可杀死一些病原菌。

(4)改进播种、栽培技术。

如增大播种率、缩小作物行距,对难萌发作物改直播为移栽等,使作物迅速占领生长空间,减少杂草对营养、水分、光线的获取,抑制杂草的生长。

(5)应用覆盖物控制杂草、保护土壤。

用黑薄膜、作物秸秆、树皮等进行覆盖,阻挡光线透入,抑制杂草萌发;在果园与行栽作物地种植活的覆盖作物(如玉米地超量播种三叶草)也可抑制杂草生长;在水稻田放养红萍既可起到固氮培肥作用,又能抑制杂草生长。

(6)适时进行机械与人工除草。

作物生长早期比较脆弱,不能形成对杂草的竞争优势,且杂草生长早期为主要养分吸收期,对养分的吸收效率较作物高,所以在作物生长早期应及时清除杂草。如水稻秧苗移栽后 20~30 d 对杂草最敏感,若不及时除草,则损失很大。实践表明,除草越晚,所需劳力越多,对作物造成的影响也越大。除草时机也要准确把握,即选择尽可能多的杂草种类萌发而不威胁作物时为最佳除草期,这样可降低除草次数。

(7)作物轮作减少杂草生长。

连作使那些与作物生长相伴随的杂草群体越来越大,而轮作由于不同作物的耕作方式不同,作物的生长习性也不同,不利于杂草体系的建立。一般可一年生作物和多年生作物轮作,生长稠密、郁闭度高的作物与生长稀疏、郁闭度低的作物轮作。另外,在轮作计划中应安排种植绿肥,如苜蓿、三叶草、黑麦草、大麦等,抑制杂草萌发,并可减少下季作物杂草数量。

(8)生物防治控制杂草。

采用真菌除草剂,如利用棕榈疫霉防治柑橘园中的莫伦藤,盘长孢状刺盘孢防治水稻和大豆田中的弗吉尼亚合萌。也可用动物除草,如利用鸭子或稻田养鱼防治稻田杂草,如 40~50 只成年鸭子一天放养 3 h,连续放养 3 d,则可为 1 000 m² 的水稻田除草。

(9)火焰枪烫伤法除草。

此法只有当作物种子尚未萌发或长得足够大时才可应用,并在杂草低于 3 cm 时最有效。如种植胡萝卜,种子床应在播种前 10 d 进行灌溉,促使杂草萌发,而在胡萝卜种子发芽前(播种后 5~6 d),用火焰枪烧死杂草。

(10)植物毒素抑制杂草生长。

一些覆盖作物,如黑麦草、大麦、燕麦、烟草,除竞争外,主要是通过分泌植物毒素抑制杂草生长。

(11)应用堆肥作为控制杂草和病虫害的重要手段。

堆肥过程产生的高温可杀死动物粪便中的杂草种子和一些病虫休眠体;堆肥也可避免大量作物残体翻入土壤中产生毒素的潜在危害。同时堆肥可提高土壤肥力,改善土壤结构,增加土壤微生物活力,以提高作物对杂草的竞争能力和对病虫害的抵抗能力。由于堆肥可增加土壤有机质含量,使土壤疏松,也使杂草易于拔除。

有机耕作过程中对杂草的控制,应基于对杂草的特点和杂草与作物关系的认识,采取适当的农业、生态措施来预防杂草的发生,再辅之一些人工与机械或生物除草法,将杂草控制在经济危害水平之下。

#### 4.4.4.3 害虫防治

多样化种植拥有更多的害虫捕食者和寄生者。因为与单作比,多样化种植能为天敌提供更好的生存条件,如提供更多的花粉与花蜜吸引自然天敌和增强它们的繁殖能力。增加地表覆盖有利于步行虫一类捕食者和增加植食性昆虫的多样性。当主要害虫减少时,可作为自然天敌的替代食源。多样化种植同时包含有寄主与非寄主作物,以致寄主作物在空间分布上不像单作那样密集,且多种作物具有不同的颜色、气味与高度,这些使得害虫很难在寄主作物上着落、停留与繁殖。作物多样化不仅有益于害虫防治,对作物病害与杂草的控制也同样有很大作用,因此有机耕作常实行间作和套种,以及在田园周围种植花草以增加作物多样化。不同作物间作对害虫的控制作用见表 4-19。

同时还采取以下方法综合防治虫害:

(1)种植前整理田块,除去枯枝烂叶、杂草,以清除藏匿的病虫及其休眠体。

表 4-19　不同作物间作对害虫的控制作用

| 复合种植类型 | 可控制的害虫 | 起作用的因素 |
|---|---|---|
| 包菜和红、白苜蓿间作 | 甘蓝地种蝇,包菜蚜虫和小菜粉蝶 | 干扰害虫集落、地表甲虫数目增加 |
| 棉花与饲料豇豆间作 | 棉铃象 | 寄生蜂的种群数增加 |
| 棉花与高粱、玉米间作 | 谷实夜蛾 | 增加捕食者的丰度 |
| 棉花与秋葵葵 | 跳叶甲 | 起诱集作物的作用 |
| 棉田间作苜蓿 | 植物甲虫 | 使天敌与害虫同步发生 |
| 田间一半棉花与苜蓿间作,另一半玉米与大豆间作 | 谷实夜蛾和粉纹夜蛾 | 增加捕食者的丰度 |
| 黄瓜与玉米、花菜间作 | 瓜条叶甲 | 干扰害虫在寄主植物中的运动和停留时间 |
| 玉米与红薯间作 | 叶甲和沫蝉 | 寄生黄蜂增加 |
| 谷物与大豆间作 | 叶蝉、叶甲和草地夜蛾 | 有益昆虫数目增加干扰集落 |
| 豇豆与高粱间作 | 叶甲 | 干扰气流 |
| 桃树与草莓间作 | 草莓镰翅小卷蛾和梨小食心虫 | 寄生虫种群增加 |
| 花生与玉米间作 | 玉米螟 | 蜘蛛数目增多 |
| 芝麻与玉米或高粱间作 | 灯蛾 | 生长较高的伴随作物对矮作物的掩蔽作用 |
| 芝麻与棉花间作 | 夜蛾 | 增加天敌数量,起诱集作用 |
| 南瓜与玉米间作 | 带斑黄瓜叶病 | 玉米掩蔽南瓜,其茎秆也干扰害虫飞行 |
| 番茄与包菜间作 | 菜蛾 | 化学趋避作用 |

注:引自席运官,钦佩.有机农业生态工程[M].化学工业出版社,北京:2003。

(2)提早或推迟种植日期,以回避某些害虫发生高峰期。

(3)释放益虫,如瓢虫、草蛉、寄生蜂、捕食螨等。美国加州生产有机棉花就是通过多次释放草蛉幼虫来防治蚜虫和棉铃虫的。由于天敌出现与害虫密度的减少有时间滞后关系,故天敌都得在虫害大量发生以前释放。

(4)用微生物制剂治虫,如白僵菌、苏云金杆菌制剂、核多角体病毒。用于食叶和果的鳞翅目幼虫,如西红柿的棉铃虫属幼虫、大白菜的尺蠖、菱背蛾、天蛾科幼虫、苹果蛾等的防治;用于棉花地棉铃虫和烟草烟青虫的防治。它们因具有高选择性而受欢迎。

(5)施用植物杀虫剂。如鱼藤酮、除虫菊素、杀虫皂、沙巴草、糠树、苦木、洋艾,它们都具速效性,降解快,对环境没有残留污染的危险。由于这类杀虫剂对益虫也有一定的影响,故只是在虫害相当严重时才使用。

(6)利用物理防治,如设置昆虫障碍。田间撒硅藻土粉刺破软体动物表皮而杀死害虫、用休眠油使多种害虫的卵窒息、应用黑光灯诱蛾、机械诱捕等。

(7)应用昆虫性激素对雄虫进行干扰,使其找不到雌虫交配而减少害虫产生。康奈尔大学研究成功一种性信息素。可以打乱葡萄果蝇的交配繁殖行为,将其虫口密度控制在造成经济损失的数量界限以下。

(8)种植诱集作物诱捕害虫,或驱避作物驱赶害虫。在夏威夷,围绕西瓜地或南瓜地的引诱作物玉米对西瓜蝇成虫有高度的引诱力。在棉田中带状栽培紫苜蓿可以诱集盲蝽。罗代尔研究中心证明艾菊和假荆芥与辣椒、南瓜间作可驱避蚜虫与甲虫,使其数量大大减少。

#### 4.4.4.4　病害防治

培育健康的作物是抵御疾病最好的方法,因此提供优质肥沃的土壤,使作物健康生长便成为病害防治的首选途径。通过大量施用有机肥达到肥沃土壤的目的。在增强土壤肥力的同时,可采用下列综合方法来进行病害的防治:

(1)选用高质量的抗病品种。

(2)播种前剔除带病种子,必要时用温水等物理方法处理种子,以杀死病菌。

(3)调整播种日期,回避某些疾病发生的高峰期。

(4)改变灌溉方法,如采用滴灌,以减少土壤潮湿面积,为高湿度是疾病发生的有利条件。

(5)通过喷洒杀虫皂和多样化种植,控制传播疾病的害虫,如蚜虫和一些甲虫。

(6)在病害严重时,用无机杀菌剂进行防治(如硫黄、波尔多液)、矿产原料(如碳酸钙),以及大蒜、木贼等植物制剂。

(7)通过合理轮作控制疾病。

(8)通过生物防治控制疾病。通过改变植物体内或周围的微生物平衡抑制病原菌,或将微生物制剂导入土壤,抑制土生植物病原菌,如土壤接种木霉。另外,豆科绿肥翻埋于田中,对控制植物病原菌有特别的效果,因豆科残体含有丰富的氮和碳化合物,并可提供维生素和其他复杂物质,故翻填入土壤后,土壤生物变得相当活跃,可抑制病菌和溶解病菌细胞。大量事实证明,豆科覆盖作物对全蚀病白穗病具有抑制作用。

#### 4.4.4.5　有机农业允许使用的植物病虫草害控制物质

**1. 植物和动物来源**

印楝树提取物及其制剂、天然除虫菊(除虫菊科植物提取液)、苦楝碱(苦木科植物提取液)、鱼藤酮类(毛鱼藤)、苦参及其制剂、植物油及其乳剂、植物制剂、植物来源的驱避剂(如薄荷、薰衣草)、天然诱集和杀线虫剂(如万寿菊、孔雀草)、天然酸(如食醋、木醋和竹醋等)、蘑菇的提取物、牛奶及其奶制品、蜂蜡、蜂胶、明胶、卵磷脂。

**2. 矿物来源**

铜盐(如硫酸铜、氢氧化铜、氯氧化铜、辛酸铜等)、石灰硫黄(多硫化钙)、波尔多液、石灰、硫黄、高锰酸钾、碳酸氢钾、碳酸氢钠、轻矿物油(液状石蜡)、氯化钙、硅藻土、黏土(如斑脱土、珍珠岩、蛭石、沸石等)、硅酸盐(硅酸钠、石英)。

**3. 微生物来源**

真菌及真菌制剂(如白僵菌、轮枝菌),细菌及细菌制剂(如苏云金杆菌,即 Bt),释放寄生、捕食、绝育型的害虫天敌,病毒及病毒制剂(如颗粒体病毒等)。

**4. 其他物质**

氢氧化钙、二氧化碳、乙醇、海盐和盐水、苏打、软皂(钾肥皂)、二氧化硫。

**5. 锈捕器、屏障、驱避剂**

物理措施(如色彩诱器、机械诱捕器等)、覆盖物(网)、昆虫性外激素(仅用于诱捕器和散发皿内)、四聚乙醛制剂(驱避高等动物)。

# 第 5 章　生态农业示范工程

## 5.1　河南省鑫贞德有机农业股份有限公司

河南省鑫贞德有机农业股份有限公司成立于 2010 年,注册资金 7 000 余万元。坐落于河南省汤阴县宜沟镇尚家庵村,2010 年以来,公司先后流转土地 7 000 余亩,探索生态、循环、有机农业及一、二、三产融合发展模式。以有机种植为基础,生态养殖为主导,再生能源发电、科普康养、休闲体验、技术创新为目标的综合性企业。利用生态学原理,实现"高产、优质、高效、生态、安全"农业,经过十年的努力,已经达到生态、循环、有机农业生产要求。鑫贞德有机农场卫星图见图 5-1。

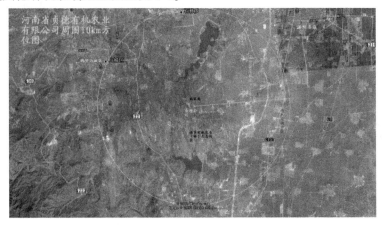

**图 5-1　鑫贞德有机农场卫星图**

### 5.1.1　肥力培育

(1)沼液、沼渣。

2011 年始,采用安阳市中丹生物能源有限责任公司制沼气产生的废弃物——沼渣和沼液,作为土壤肥力培育的肥料。沼渣施用量为 5 m³/亩,沼液施用量为 5~8 m³/亩。由于运输费用较高,沼渣含水率达 80%,沼液氮、磷含量均低于 0.1%,肥力不足,沼液虽然含有速效氮,最终确定沼液以防病为主、速效肥为辅。目前在全部消纳自有农业副产品及农业生产废弃物的基础上,每年消纳外购沼渣 1.2 万 m³。

现在农场养殖有猪、牛、鸡,其中鸡粪直接还田,不进行收集。猪粪(占原材料的 10%)、牛粪和秸秆,作为农场自建沼气发酵的原材料。由于养殖规模较小,沼气发酵装置,不以产沼气为主,而以处理养殖、种植废弃物为主要目的,同时利用沼液防治病虫害,沼渣施肥,沼气储粮。2011 年,农场建成第一年,由于原有的速效肥力尚发挥作用,产量持平,2012年,有机肥力土壤改良的作用尚未充分发挥,产量略有下降。随后至今,农场产量达到化肥农药种植模式的90%。随着农场养殖规模的提高,有机肥产量充足,农场产量预计会有所增加。

图 5-2、图 5-3 为沼液、沼渣还田。

图 5-2　沼液还田

图 5-3　沼渣还田

（2）无机磷矿粉。

2013年,根据有机种植标准,施用了一次磷矿粉,而非速效磷肥。施用量为50 kg/亩。根据作物生长情况观察,没有发现有缺磷症状。

（3）秸秆还田。

采用机械收割的小麦和玉米,经收割机过腹,直接粉碎成约 1 mm 的颗粒,经深翻,埋入耕地里。在微生物的作用下,缓慢分解释放肥力,培育土壤有机质含量,提高土壤的孔隙率,创造良好的微生物生长环境。图 5-4 为秸秆还田。

（4）禽类放养。

通过圈地方式,放养 5 万只鸡,鸡的排泄物直接散落在土壤上,鸡粪中富含氮磷有机质,经过土壤微生物的作用,逐渐培育土壤的肥力。一年后,直接翻耕,种植作物。图 5-5 为鸡粪直接还田。

图 5-4　秸秆还田

图 5-5　鸡粪直接还田

农场土壤 2011 年与 2018 年状况对比见图 5-6。

(a)2011年耕地　　　　　　　　　　　(b)2018年取样

图 5-6　农场土壤 2011 年与 2018 年状况对比

## 5.1.2　病虫草害防治

沟壑、荒山、荒坡原有植被进行就地保护,形成病虫害的天敌栖息地,农田病虫草害控制以物理、生物、机械的方式进行综合防控。害虫不以消灭为目的,生态调控把危害控制在可忍受范围内,以保持区域生态平衡。通过适时调茬、休耕农艺措施,以机械、人工的方式防除杂草,杜绝使用化学农药、除草剂、激素等化学制剂,与环境友好相处。

采用农田虫情测报灯,监测虫害。通过技术人员农田观察,监测病害、草害。

(1)沼液浸种和喷洒。

根据作物种类不同,采用相应的沼液浸种技术,提高种子的发芽率和抗病性能。

通过沼液叶面喷洒,可以有效控制蚜虫、红蜘蛛病害。每年 5 月初至 5 月中旬,进行3 次喷洒,可以有效减轻小麦蚜虫危害。

图 5-7 为沼液浸种池,图 5-8 为沼液喷洒防治虫害。

(2)生物防治。

每年 7 月,监测玉米螟发病情况。在高峰期前,释放携带苜蓿银纹夜蛾核多角体病毒的赤眼蜂,通过观察玉米螟卵块是否被赤眼蜂寄生,判断是否发挥作用。经多年实践,赤眼蜂可以控制 76% 的玉米螟,达到有机农业可以接受的发病率,防治玉米螟虫害。图 5-9为赤眼蜂携带苜蓿银纹夜蛾核多角体病毒虫卡。

(3)太阳能频振式诱虫灯体系。

农场安装了 145 盏太阳能杀虫灯,利用害虫的趋光性,通过诱捕后电击,有效控制虫害。太阳能杀虫灯见图 5-10。

(4)糖醋液诱捕灭虫。

通过放置装入白糖、醋、酒和发酵水果的桶,可以有效诱捕半径 50 m 的害虫如金龟子等。糖醋液诱捕灭虫见图 5-11。

图 5-7　沼液浸种池

图 5-8　沼液喷洒防治虫害

图 5-9　赤眼蜂携带苜蓿银纹夜蛾核多角体病毒虫卡　　　图 5-10　太阳能杀虫灯

以上方式诱捕的害虫,是鸡的良好饲料。

　　总之,农场利用性诱剂、频振式太阳能测报灯进行害虫发生预测预报,在害虫暴发时及时采取有效措施,全园区 145 盏太阳能杀虫灯不定期开放,以减少对天敌的误杀。农场主要害虫金龟子、棉铃虫、玉米螟、豆天蛾、蚜虫和黏虫等,基本控制在可以忍受的范围,不赶尽杀绝,否则形成真空地带,次要害虫就会成为主要害虫,影响当地生态平衡。图 5-12 为生态恢复害虫天敌增加。

图 5-11　糖醋液诱捕灭虫　　　　　　　图 5-12　生态恢复害虫天敌增加

（5）机械除草。

　　早期采用人工除草。中耕期采用本公司发明专利中耕除草机进行机械除草,中耕除草两次。中耕除草机,费用由以前的人工 85 元/亩降到机械 6.5 元/亩,劳动用工量减少 65% 以上,一台小四轮一小时可以耕作 8~10 亩,一次达到除草、保墒、培土效果,每季可以保证管理耕作 2~3 次。

　　图 5-13 为自主研发的中耕除草机。

图 5-13　自主研发中耕除草机

### 5.1.3　耕作模式

#### 5.1.3.1　生态缓冲带

利用农场现有的植被,很好地保护了地形地貌,保留了丰富的野生植被,为鸟类、虫类提供了良好的栖息地,形成丰富、多样的生态链,确保生态环境的健康和稳定。也为生物防治病虫害的暴发提供了很好的生态基础。

农场地处丘陵,有天然沟、坡和山岭,保持原生态地貌,不进行人为干预,保持天然的生物多样性和良好的循环体系。同时,依据生态景观带和缓冲带理念,用多花组合和豆科作物进行野外辅助栽植。良好的生态环境和烂漫的花丛,既保土保水,也为害虫天敌和授粉昆虫提供良好栖息地和生活场所,达到提升田园景观和生物多样性的效果。对天降雨水进行有效收纳,有效管理,平时用于景观娱乐,旱时用于灌溉,减少地下水消耗,减缓地下水下降趋势。图5-14为农场生态缓冲带,图5-15为百鸟齐鸣的生态景象。

**图 5-14　农场生态缓冲带**

**图 5-15　百鸟齐鸣的生态景象**

### 5.1.3.2　种植模式

生态农业种植模式:通过适时调茬、休耕农艺措施,以机械、人工的方式防除杂草,杜绝使用化学农药、除草剂、激素等化学制剂,与环境友好相处。通过豆科作物的种植,提高了土壤氮肥的含量。通过轮作、调茬,减少了病虫害发生的机会。通过"三沼"使用,杀灭寄生虫卵和病虫害,提高土壤肥力,改善土壤微生态环境。

### 5.1.3.3　机械化生产

采用机械化收割,提高机械化作业水平,所有农作物已经基本实现种管收全程机械化或半机械化。种、管理、收割、烘干、入仓、储存实现机械化。保证生产效率得到不断提高。

### 5.1.3.4　现代化农业管理

生产计划和各项操作规程,做到生产有计划,班前有检查,操作有规程,各司其职,自检、互检、抽检同时进行,保证产品品质,对每一批产品有记录、可溯源,发现问题及时解决,并可以分析问题产生的原因,及时采取解决措施,杜绝类似事故发生。

## 5.1.4　物质流动

农作物通过光合作用和根系吸收作用,将自然环境中的碳、氮、磷、硫及微量元素等,以籽粒和秸秆等形式固定在作物里。如小麦作物的干重中,籽粒:秸秆约为1:1.2,玉米作物中,籽粒:秸秆一般为1:(1.2~1.6)。随着化肥的大量生产和农业劳动力的流失,农作物只收集了籽粒和根块等,大量秸秆被作为废弃物,称为农业污染源。这样不但污染了环境,也浪费了大量光合作用固定下来的物质。

鑫贞德有机农场,通过采用"粮食—秸秆—畜禽养殖—粪便废弃物—沼化—沼渣、沼液还田—粮食"的模式,让一级光合作用产物,充分多级利用,形成物质循环链。将传统的农业废弃物资源化,同时代替了速效肥—化肥的施用,减少了速效碳、氮、磷通过挥发、地表径流和土壤渗流导致的大气、地表水与地下水的污染。

图 5-16 为国家谷子产业体系专家在鑫贞德农场田间测产,图 5-17 为大型地下青饲储存池,图 5-18 为青饲、杂草、麦麸、豆粕转化为的鸡、牛、猪、蛋优质蛋白产品,5-19 为技术人员分析猪粪、牛粪作为制沼原材料回收能量和肥料。

**图 5-16　国家谷子产业体系专家在鑫贞德**
**农场田间测产**

**图 5-17　大型地下青饲储存池**

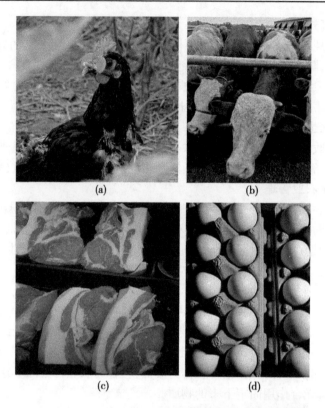

图 5-18  青饲、杂草、麦麸、豆粕转化为的鸡、牛、猪、蛋优质蛋白产品

## 5.1.5  能量流动

在能量流动中,以作物固定太阳能为主,同时利用高科技,充分收集农场区域内的光能、风能、沼气能。这些能量和少量机械动力需要的矿物能源,最终固定在粮食产品、畜禽蛋产品中,形成优质农副产品。而固定在秸秆、畜禽粪便中的生物能量,通过物质循环,重新进入土壤中,开始新的能量循环。

图 5-20 为农林小气候采集系统。

## 5.1.6  环境效益

农场共 7 000 亩,农业生产黄淮海区每季氮施肥量:小麦 18 kg/亩、玉米 14~18

图 5-19  技术人员分析猪粪、牛粪作为
制沼原材料回收能量和肥料

kg/亩,磷肥($P_2O_5$)7 kg/亩,除草剂(估计)小麦 60 g/亩,玉米 350 g/(亩·年),杀虫剂小麦 900 g/亩,玉米 100 g/亩。

年减少化学肥料折合:①纯 N ,32 kg/亩×7 000 亩 = 224(t);②$P_2O_5$,(7+7)kg/亩×

**图 5-20　农林小气候采集系统**

7 000 亩 = 98( t);③除草剂平均 400 g/亩,年减量 0.4 kg/亩×7 000 亩 = 2.8( t);④杀虫剂,各地有差异,平均两季用量 1 kg,7 000 亩需要 7 t 制剂。

经过 10 年的有机种植,土壤性质发生了较大的改善,如表 5-1 所示。

**表 5-1　有机种植模式对鑫贞德农场土壤性状影响**

| 检测项目 | 单位 | 土壤(1 号) | 土壤(2 号) | 2009 年土壤 |
|---|---|---|---|---|
| pH | 无量纲 | 8.32 | 8.41 | 8.31 |
| 水分 | % | 2.6 | 2.7 | 3.15 |
| 有机质(干基) | g/kg | 24.0 | 22.6 | 8.2 |
| 全氮(干基) | % | 0.144 | 0.166 | |
| 全磷(干基) | % | 0.105 | 0.075 | |
| 有效磷(干基) | mg/kg | 86.7 | 56.7 | 8.9 |
| 速效钾(干基) | mg/kg | 170 | 257 | |
| 缓效钾(干基) | mg/kg | 458 | 832 | |
| 有效态铜 | mg/kg | 1.70 | 2.18 | |
| 有效态锌 | mg/kg | 7.92 | 5.70 | |
| 有效态铁 | mg/kg | 20.8 | 18.0 | |
| 有效态锰 | mg/kg | 23.0 | 25.4 | |

同时,经过试验检测,有机种植土壤中微生物数量,明显高于常规种植农田和大棚蔬菜土壤,如图 5-21 所示。

结果表明,有机种植模式相对于投入大量农药的种植模式,对土壤中微生物数量具有显著的改善效果,而微生物是土壤微生态健康的重要指示,是种植业能量流和物质流重要参与者。

## 5.1.7　经济效益

根据农场作物品种及畜禽种类和产量,以及普通农副产品和有机农副产品市场价格,可以计算农场经济效益增加如表 5-2 所示。

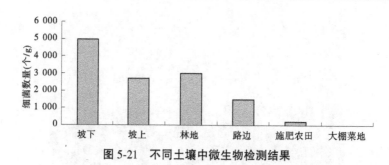

图5-21　不同土壤中微生物检测结果

表5-2　鑫贞德有机农场农产品年增加经济效益

| 种类 | 产量<br>(t) | 市场价格 | | 增加经济效益<br>(万元/年) |
|---|---|---|---|---|
| | | 有机产品(元/kg) | 普通产品(元/kg) | |
| 小麦 | 1 850 | 4.40 | 2.45 | 360.75 |
| 大豆 | 90 | 20.0 | 3.6 | 147.6 |
| 小米 | 420 | 24.0 | 10 | 588 |
| 玉米 | 1 570 | 3.6 | 1.9 | 266.9 |
| 绿豆 | 20 | 32.0 | 10 | 44 |
| 面粉 | 300 | 10.0 | 3.6 | 192 |
| 挂面 | 60 | 20.0 | 7 | 78 |
| 鸡蛋 | 160 | 25.0 | 9 | 256 |

## 5.1.8　农场能量循环计算

能量流动和物质循环是生态系统的基本功能。生态系统中的生物和非生物成分,通过能量流动和物质循环而相互联结,组成了网状的复杂统一体。这种能量流动和物质循环,维持着生命的存在和繁衍,维持系统的平衡。因此,理清能量流动和物质循环、保证系统能量平衡和物质平衡,是建立有机生态农场的基础。

有机生态农场包括农业和畜禽养殖业,农场生产过程是一个能量与物质的转化过程。人类生产活动是对农业系统能量输入的一种补充,用于弥补系统用于内部维持所消耗的能量。能量在农业生态系统内,由太阳向消费者单向流动,在流动的过程中,一部分能量被还原性细菌还原,再进入系统中循环利用。这一过程为生态系统内部保持能量出入平衡奠定基础。

有机生态农场旨在用农场内部的能量产出和物质补充农田生态系统的能量与物质损失。有机农场内部初级生产所转化固定的能量的合理分配利用,是决定系统能量、物质自给的另一重要方面。通过有机物质再循环,维持系统能量物质稳定,是保证系统高效率的必需条件。

为合理利用初级生产者系统固定的能量,保证系统内部能量稳定,现以鑫贞德有机农场现有占地为基础,设计有机农场理想种植、养殖方式,并对各系统进行能量流动情况的简要分析。

### 5.1.8.1　初级生产力的能量输入与输出

初级生产力的能量输入包括自然输入能和人工辅助能。自然输入能包括太阳能和根系输入能;人工辅助能包括农机、化肥、农药、排灌、收获、加工等。

1. 输入能

1) 自然输入能

(1) 太阳能。

安阳属于半干旱地区,"十年九旱"日照充足,年平均日照时数 2 225.3 h,年日照百分率 50%以上,属我国太阳能资源中等类型地区,年太阳辐射总量为 5 000~5 850 MJ/m²,相当于 $33×10^8 ~ 39×10^8$ kJ/亩;日辐射量 3.8~4.5(kW·h)/m²,相当于 $9.12×10^6 ~ 10.80×10^6$ kJ/亩,适于发展光伏能源。

农场占地 7 000 亩,除去 5%农田生态缓冲,种植用地带全年接收太阳辐射能约为 $5 425×10^3$ kJ/m²×7 000 亩×0.95×666.67 m² = $240 509.535 9×10^8$ kJ。

在实际生产中,农作物通过光合作用所产生的有机物所含的能量与这块土地所接收到的太阳能的比,最大可达 2%。按最大接收效率计,农作物作为初级生产者,将太阳能转化为有机物蕴含的能量,约为 $4 810.190 7×10^8$ kJ。

(2) 根系输入能。

$$根系输入能 = 地上产出部分蕴含能量×0.4$$
$$= 549.532 1×10^8 kJ×0.4 = 219.812 8×10^8 (kJ)$$

农田种植的农作物种类、种植面积和各部分地上产出情况见表 5-3。

表 5-3　农场田地产出情况

| 农作物种类 | 面积（亩） | 产量（kg/亩） | 秸秆:总产量 | 籽粒（kg） | 麸（kg） | 棒芯（kg） | 秸秆（kg） |
|---|---|---|---|---|---|---|---|
| 小麦 | 2 500 | 400 | 1.1 | 1 000 000 | 120 000 | 0 | 1 100 000 |
| 玉米 | 2 000 | 525 | 1.2 | 1 050 000 | 0 | 262 500 | 1 260 000 |
| 大豆 | 1 300 | 200 | 1.6 | 260 000 | 0 | 0 | 416 000 |
| 绿豆 | 850 | 150 | 1.6 | 127 500 | 0 | 0 | 204 000 |
| 总计 | 6 650 | | | | | | 2 980 000 |

2) 人工辅助能

(1) 人力、畜力投入。

农场田间作业实现机械化、半机械化模式,无人力、畜力投入。

(2) 机械投入能。

由于农机消耗的能量来自系统外部,并以机械能和热能的形式消散至外界环境中,因此在此农业生态系统中不考虑人工辅助能中的农机能量输入。

(3) 有机肥。

农场养殖猪、牛、鸡,所产粪便经沼气池发酵还田。为使沼气池碳/氮(C/N)比例均衡,向其中添加玉米秸秆和麦秸秆。农田沼渣施用量 213.682 7 kg/亩,沼液施用量 388.635 2 kg/亩。

沼渣施用 213.682 7 kg/亩,全场总计 1 421 t,折合能为 18.214 5×10⁸ kJ;

沼液施用 388.635 2 kg/亩,全场总计 2 584 t,折合能为 1.981 4×10⁸ kJ;
共计 20.195 9×10⁸ kJ。

(4)无机肥。

农场采用生态农业种植模式,杜绝使用化肥、农药、激素、添加剂等物质。

(5)秸秆还田。

在最大还田限度内,将部分玉米秸秆和养殖剩余豆类秸秆、玉米棒芯直接还田。在机械收割时,直接将还田物质粉碎成约 1 mm 的颗粒,经深翻,埋入耕地,起到改良农田土壤结构,增加土壤有机质的作用。还田部分折能为 44.278 5×10⁸ kJ。

(6)种子。

种子从农场内部回收,无能量流出,因此不考虑。

综上所述,输入能类别及输入量为:

太阳能:4 810.190 7×10⁸ kJ;

根系输入能:219.812 8×10⁸ kJ;

有机肥:20.195 9×10⁸ kJ。

2.输出能

初级生产者的能量输出,主要以粮食(小麦、大豆、玉米、绿豆等)和秸秆为载体。初级生产者系统能量输出情况见表5-4,各项计算结果列于图5-22。

表5-4　初级生产者的能量输出

| 种类 | | 产量 (×10³kg) | 能量 (kJ/kg) | 折合能量 (×10⁸kJ) | 产品折能 (×10⁸kJ) | 饲料折能 (×10⁸kJ) | 还田折能 (×10⁸kJ) | 沼气池折能 (×10⁸kJ) |
|---|---|---|---|---|---|---|---|---|
| | | | | | | | | |
| 小麦 | 麦粒 | 1 000 | 15 311.22 | 153.11 | 143.24 | 9.88 | 0 | 0 |
| | 麦秸 | 1 100 | 14 650.48 | 161.16 | 0 | 27.53 | 14.02 | 9.40 |
| | 麦麸 | 120 | 11 804.10 | 14.16 | 0 | 12.75 | 0 | 0 |
| 玉米 | 玉米 | 1 050 | 3 450.67 | 36.23 | 22.99 | 13.24 | 0 | 0 |
| | 玉米秸 | 1 260 | 2 235.24 | 28.16 | 0 | 2.10 | 11.45 | 6.22 |
| | 玉米棒芯 | 262.50 | 2 235.24 | 5.87 | 0 | 5.25 | 0.03 | 0 |
| 黄豆 | 大豆 | 260 | 16 324.82 | 42.44 | 23.03 | 19.41 | 0 | 0 |
| | 大豆秸 | 416 | 14 650.48 | 60.95 | 0 | 9.23 | 14.77 | 0 |
| 绿豆 | 绿豆 | 127.50 | 13 771.45 | 17.56 | 9.53 | 8.03 | 0 | 0 |
| | 绿豆秸 | 204 | 14 650.48 | 29.89 | 0 | 4.53 | 7.24 | 0 |
| 总计 | | | | 549.53 | 198.79 | 111.94 | 47.51 | 15.62 |

小麦、玉米、大豆和绿豆作为农产品将能量带出整个生态系统,带出总能量为 198.789 4×10⁸ kJ;饲料折能 111.944 8×10⁸ kJ;不可利用部分还田折能 47.508 6×10⁸ kJ;进入沼气池麦秸、玉米秸折能 15.614 0×10⁸ kJ。

### 5.1.8.2　初级消费者的能量输入与输出

根据农场初级生产者的种植情况,设置养殖数 2 050 只鸡、35 头猪、261 头牛。养殖饲料全部为农场初级生产者所产的粮食和秸秆,无外购补充。

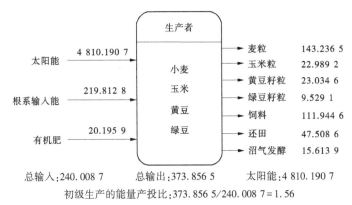

总输入：240.008 7　　　总输出：373.856 5　　　太阳能：4 810.190 7

初级生产的能量产投比：373.856 5/240.008 7 = 1.56

**图 5-22　初级生产者的能量输入与输出**　（单位：$\times 10^8$ kJ）

初级消费者的能量输入与输出，分为鸡、猪、牛 3 个亚子系统进行分析计算。

1. 输入能

输入能主要为初级消费者提供的粮食饲料和秸秆饲料。

以养鸡场为例，每天食用粮食饲料和秸秆饲料 928 kg，全年食用 334 080 kg。按照豆类 20%、玉米 50%、小麦 15%、麦麸 15% 的比例配制饲料，则全年由饲料输入养鸡场系统的能量为 33.422 6$\times 10^8$kJ（不同种类粮食饲料、秸秆饲料能值分别计算后相加）。

猪饲料配比：豆类 25%、玉米 30%、小麦 30%、麦麸 15%。

牛饲料配比：豆类 10%、玉米 20%、麦麸 5%、麦秸 20%、玉米秸 10%、玉米棒芯 25%、豆秸 10%。

猪、牛亚子系统的能量输入以同样方式计算，结果列于表 5-5。

2. 输出能

初级消费者的能量输出，主要表现猪肉、牛肉、鸡肉和鸡蛋等农副产品以及畜禽粪便。以鸡场的能量输出计算为例。

1）鸡肉

鸡场年输出鸡肉重 2 378 kg，鸡肉能值为 435.427 kJ/100 g，全年鸡肉能量输出为

$$2\ 378\ kg \times 435.427\ kJ/100\ g \times 10 = 0.103\ 5 \times 10^8\ (kJ)$$

2）鸡蛋

鸡场年产蛋 47 150 kg，鸡蛋能值为 615.320 2 kJ/100 g，全年鸡蛋的能量输出为

$$47\ 150\ kg \times 615.320\ 2\ kJ/100\ g \times 10 = 2.901\ 2 \times 10^8\ (kJ)$$

3）畜禽粪尿

全鸡场年产生粪尿 154 980 kg，折合干重 77 490 kg，每克干重能值为 12 730.4 J/g，全年鸡粪的能量为

$$77\ 490\ kg \times 12\ 730.4\ J/g \times 1\ 000\ g = 9.864\ 8 \times 10^8\ (kJ)$$

鸡场每年输出的总能量为

$$0.103\ 5 \times 10^8 kJ + 2.901\ 2 \times 10^8 kJ + 9.864\ 8 \times 10^8 kJ = 12.869\ 6 \times 10^8\ (kJ)$$

猪、牛亚子系统的能量输出按同样方式逐项计算，结果列于表 5-6。初级消费者粪便产量及碳、氮含量列于表 5-7。

表 5-5 初级消费者年能量输入

| 产品种类 | 数量(只/头) | 平均每日采食量(kg) | 玉米 | | 小麦 | | 大豆 | | 麦麸 | |
|---|---|---|---|---|---|---|---|---|---|---|
| | | | 质量(kg) | 能量(×10⁸kJ) | 质量(kg) | 能量(×10⁸kJ) | 质量(kg) | 能量(×10⁸kJ) | 质量(kg) | 能量(×10⁸kJ) |
| 鸡 | 2 050 | 0.5 | 184 500 | 6.366 5 | 55 350 | 8.474 8 | 73 800 | 12.047 7 | 55 350 | 6.533 6 |
| 猪 | 35 | 3 | 11 340 | 0.391 3 | 11 340 | 1.736 3 | 9 450 | 1.542 7 | 5 670 | 0.669 3 |
| 牛 | 261 | 10 | 187 920 | 6.484 5 | 0 | 0 | 93 960 | 15.338 8 | 46 980 | 5.545 6 |

| 产品种类 | 数量(只/头) | 平均每日采食量(kg) | 麦秸 | | 玉米秸 | | 玉米棒芯 | | 豆秸 | |
|---|---|---|---|---|---|---|---|---|---|---|
| | | | 质量(kg) | 能量(×10⁸kJ) | 质量(kg) | 能量(×10⁸kJ) | 质量(kg) | 能量(×10⁸kJ) | 质量(kg) | 能量(×10⁸kJ) |
| 鸡 | 2 050 | 0.5 | 0 | 0 | 0 | 0 | 0 | 0 | 0 | 0 |
| 猪 | 35 | 3 | 0 | 0 | 0 | 0 | 0 | 0 | 0 | 0 |
| 牛 | 261 | 10 | 187 920 | 27.531 2 | 93 960 | 2.100 2 | 234 900 | 5.250 6 | 93 960 | 13.765 6 |

表 5-6　初级消费者的能量输出

| 产品种类 | 肉年输出能量 | | | | 蛋年输出能量 | | | 粪便年输出能量 | | | | 年输出能量 |
| --- | --- | --- | --- | --- | --- | --- | --- | --- | --- | --- | --- | --- |
| | 数量（只/头） | 净肉重（kg） | 每百克焦耳值（kJ/100 g） | 折合能量（×10⁸kJ） | 产量（kg） | 每百克焦耳值（kJ/100 g） | 折合能量（×10⁸kJ） | 排出总量（kg） | 干重（kg） | 每克干重焦耳值（J/g） | 折合能量（×10⁸ kJ/年） | 总能量（×10⁸ kJ/年） |
| 鸡 | 2 050 | 2 378 | 435.427 | 0.103 5 | 47 150 | 615.320 2 | 2.901 2 | 154 980 | 77 490 | 12 730.4 | 9.864 8 | 12.869 6 |
| 猪 | 35 | 814.1 | 1 134.365 8 | 0.092 3 | 0 | 0 | 0 | 26 460 | 10 054.8 | 14 781.5 | 1.486 3 | 1.578 6 |
| 牛 | 261 | 60 990.48 | 1 205.525 3 | 7.352 6 | 0 | 0 | 0 | 1 298 527.2 | 376 572.89 | 15 096.4 | 56.848 9 | 64.201 5 |

表 5-7　初级消费者粪便产量及碳、氮含量

| 畜禽种类 | 数量（只/头） | 单位日产粪便量（kg） | 含水率 | 年产粪便量（kg） | 干重（kg） | 有机质（kg） | 含碳量（kg） | 含氮量（kg） |
| --- | --- | --- | --- | --- | --- | --- | --- | --- |
| 鸡 | 2 050 | 0.21 | 50% | 154 980 | 77 490 | 26 346.6 | 15 282.3 | 1 278.6 |
| 猪 | 35 | 2.1 | 62% | 26 460 | 10 054.8 | 4 524.7 | 2 624.5 | 60.3 |
| 牛 | 261 | 13.82 | 71% | 1 298 527.2 | 376 572.9 | 86 611.8 | 50 238.8 | 1 694.6 |
| 总计 | | | | 1 479 967.2 | 464 117.7 | 117 483.0 | 68 145.6 | 3 033.5 |

初级生产者系统向初级消费者系统输入的总能量为 113.778 6×10⁸kJ/年,输出的总能量为 78.649 7×10⁸ kJ/年。初级消费者输入输出能量用图 5-23 表示。

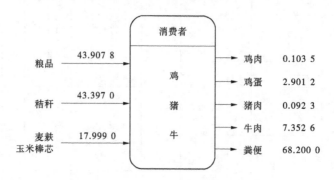

总输入:105.303 8　　　　　　　　总输出:78.649 6

初级消费者的能量产(出)投(入)比:78.649 6/105.303 8＝0.75

**图 5-23　初级消费者系统能量输入和输出**　　(单位:×10⁸ kJ)

### 5.1.8.3　沼气子系统的能量输入与输出

沼气子系统在系统的物质循环起到关键性的作用,它接受初级消费者的排泄物和初级生产者的不可直接利用部分(如剩余秸秆),经过微生物的作用,向农田系统提供优质有机肥料,供系统再生产。

1. 输入能

沼气系统中输入能量包括初级消费者排泄物和初级生产者的不可直接利用部分。

1)粪便

鸡、猪、牛的粪便排入沼气池中。养鸡场年产粪便量 154 980 kg,鸡粪含水率约为50%,干重 77 490 kg/年;养猪场年产粪便 26 460 kg,猪粪含水率约为62%,干重 10 054.8 kg/年;养牛场年产粪便量 1 298 527.2 kg,牛粪含水率约为71%,干重 376 572.9 kg/年。初级消费者年产粪便干重约为 464 117.7 kg。鸡、猪、牛粪便分别按不同能值计算出沼气池输入粪便能量约为 68.200 0×10⁸ kJ/年。

2)剩余秸秆

初级生产者产生的秸秆、麦麸、玉米棒芯一部分用来配制畜禽饲料,剩下的部分直接还田用来补充土壤养分,在不超过农田的最大秸秆还田量的前提下,剩余的秸秆进入沼气池发酵。

初级生产者产出秸秆、麦麸、玉米棒芯质量约为 3 362 500 kg,养殖消耗 1 346 400 kg,每亩秸秆、玉米棒芯还田约 114.28 kg(不超过最大还田量 200 kg/亩,豆秸、玉米棒芯全部还田,玉米秸秆、麦秸部分还田)。初级生产者系统地上产出部分能量物质流向如图 5-24 所示。剩余玉米秸秆和麦秸秆质量约为 342 310.4 kg,全部进入沼气池发酵。则沼气池由玉米秸秆和麦秸秆折输入能量约为 15.614 0×10⁸ kJ/年。

沼气子系统中能量输入共计 68.200 0×10⁸＋ 15.614 0×10⁸＝ 83.814 0(kJ/年)。

2. 输出能

沼气池能量以沼渣、沼液和沼气 3 种方式输出。

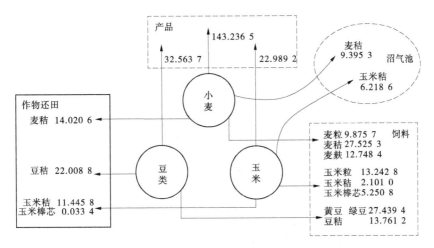

**图 5-24　初级生产者地上产出部分能量流动**　（单位：×10⁸kJ/年）

　　沼气子系统年产沼渣 1 420 990.019 kg,沼液 2 584 424.337 kg,沼气 66 178.060 m³。其中沼渣、沼液还田,补充农田土壤有机质。还田的沼液沼渣折合能量共 38.394 9×10⁸ kJ/年。

　　沼气系统物质平衡见表 5-8,系统能量输出详情见表 5-9。

**表 5-8　沼气系统物质平衡**

| 物质种类 | 年输入 | | | | 年输出 | | |
| --- | --- | --- | --- | --- | --- | --- | --- |
| | 湿重（kg） | 含碳量（kg） | 含氮量（kg） | 沼气池输入量(kg) | 沼渣（kg） | 沼液（kg） | 沼气（m³） |
| 粪便 | 1 479 967.2 | 68 145.6 | 3 033.5 | 1 822 277.6 | 1 420 990.019 | 2 584 424.337 | 60 353.9 |
| 作物不可利用部分 | 342 310.4 | 46 074.1 | 470.5 | | | | |

**表 5-9　沼气系统能量输出**

| 种类 | 年输出量（kg 或 m³） | 能值（kJ/kg 或 kJ/m³） | 折能（×10⁸kJ） | 能量总计（×10⁸kJ） |
| --- | --- | --- | --- | --- |
| 沼渣 | 1 420 990.019 | 1 281.818 2 | 18.214 5 | 38.394 9 |
| 沼液 | 2 584 424.337 | 76.666 7 | 1.981 4 | |
| 沼气 | 66 178.060 | 27 500 | 18.199 0 | |

　　沼气系统能量输入与输出模型见图 5-25。

　　根据以上计算结果,将有机农场系统的能量流绘于图 5-26 中。

## 5.1.9　农场物质循环计算

　　在农场生态系统中,能量运动由太阳向消费者单向流失,而物质运动则始终处于一种

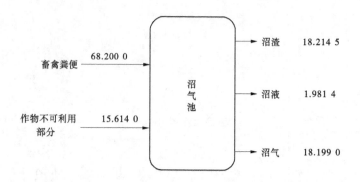

总输入:83.814 0　　　　　　　总输出:38.394 9

沼气系统的能量产(出)投(入)比:38.394 9/83.814 0=0.46

**图 5-25　沼气系统能量输入和输出模型**(单位:×10⁸ kJ)

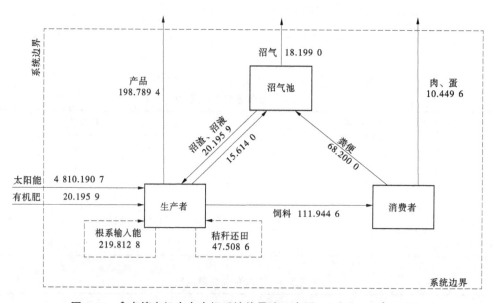

**图 5-26　鑫贞德有机生态农场系统能量流示意图**　(单位:×10⁸ kJ/年)

周而复始的循环运动之中,即物质被多次重复利用,在系统中循环往复。在农场生态系统中,初级生产者从环境中获取营养元素,再被初级消费者利用,最后回归环境中。通过"土壤→植物→动物→土壤"的转移,构成了营养物质元素循环模式。营养结构平衡体现在营养元素的输入和输出,是农产品从自然资源转化形成的前提。

随着农畜产品的外销及土壤渗漏及排水等方式,系统中的营养物质被带出农场生态系统。若要保持农畜产品产量稳定,就需保持营养物质的输入与输出在数量上达到相对的动态平衡。

碳元素是植物必需的 16 种营养元素之首。保持农田土壤中水溶有机碳的含量是保证农作物产量的重要因素之一。土壤中有机质含量过低,意味着在农业生态系统中农作物得不到充足的碳供应,利用秸秆还田技术和沼渣沼液还田可适当补充土壤有机质,进而保证农作物的碳源充足。

氮素循环是生态农业系统中动、植物等有机体中蛋白质的主要来源,因此保持氮素输入与输出平衡是有机体生长发育的前提,是衡量生态农业系统平衡状况的重要标志。

本模型以碳、氮为代表研究系统内的物质循环及其平衡状况。

### 5.1.9.1　基本假设

(1)鑫贞德生态系统的子系统包括种植业、饲养业和沼气池 3 个子系统。每个子系统又由若干亚子系统组成,如种植业包括小麦、玉米、豆科植物亚子系统,饲养业包括鸡、猪、牛亚子系统。随着农场生产结构的调整和建设事业的发展,系统结果将会发生变化、亚子系统发生增减。

(2)任何系统都是有边界的,生态系统也有系统边界。在本模型中,以鑫贞德农场边界作为系统边界。种植业各亚子系统以各种作物的种植地块为其系统边界,饲养业则以各种畜禽的饲养场为其系统边界。在计算碳、氮的投入、产出时,以输入或输出此边界的数量作为该系统的投入量、产出量。

### 5.1.9.2　研究方法

(1)种植业、饲养业分别计算碳素、氮素产投比。种植业的产投比由所属各亚子系统逐级进行,饲养业计算方法相同,之后逐级汇总,计算全系统的投产比。

(2)计算采用最简单常用的投入、产出法。

(3)各亚子系统及各子系统间碳素、氮素的平衡与流动由系统的营养元素平衡图绘出。

1.种植业——初级生产者

1)碳循环

(1)小麦。

全系统种植小麦 2 500 亩,总产量 1 000 t。小麦籽粒产出折合碳素 279 t(作为粮品输出系统部分 248.99 t,饲料 30.01 t);麦秸产量 1 100 t,折合碳素 103.4 t(其中用于养殖饲料 88.32 t,直接还田 9.05 t,入沼气池 6.03 t);麦麸产量 120 t,折合碳素 48.28 t,全部用作养殖饲料。小麦子系统总计输出碳素 430.68 t。

根据初级生产者不可直接利用部分的还田和沼渣沼液的补充,有机农场运营模式,每年向 2 500 亩的小麦亚子系统补充的有机质约 28.89 t。每年外购沼渣 698.17 t 用于补充小麦种植土壤的有机质。

由上述碳平衡将小麦亚子系统碳素产出投入模型绘于图 5-27。

(2)玉米。

系统内种植玉米 2 000 亩,产玉米量 1 050 t。产生玉米籽粒折合碳素 300.3 t(粮品输出 131.45 t,养殖饲料 168.85 t),玉米秸秆产量 1 260 t,折合碳素 157.92 t(养殖饲料 44.16 t,还田 73.72 t,沼气池发酵 40.04 t),产出玉米棒芯 263.5 t,折合碳素 80.39 t(养殖饲料 59.95 t,还田 20.44 t)。玉米子系统总计输出物质中含碳素 538.61 t。

秸秆还田和沼液、沼渣回田,向 2 000 亩玉米子系统补充有机质总量为 23.12 t。每年补充外购沼渣 558.54 t 用于补充玉米耕地有机质。

由上述碳平衡将玉米亚子系统碳素产出投入模型绘于图 5-28。

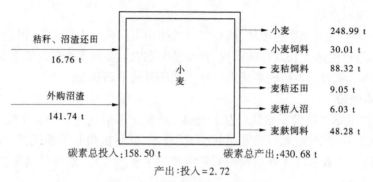

**图 5-27　小麦碳素产出投入模型**

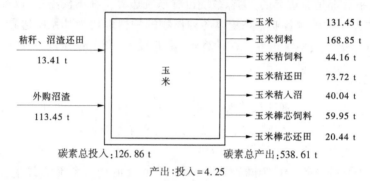

**图 5-28　玉米碳素产出投入模型**

（3）豆类作物。

农场种植黄豆 1 300 亩、绿豆 850 亩。黄豆、绿豆籽粒产量 387.5 t，豆类产出籽粒含碳量约为 87.48 t（粮品输出 32.54 t，养殖饲料 54.94 t），生产豆秸折碳量 120.4 t（其中 46.98 t 流至养殖饲料，73.42 t 还田）。豆类子系统输出含碳量为 207.88 t。

秸秆还田和沼液、沼渣回田，向玉米子系统补充有机质总量为 24.85 t。外购沼渣向大豆、绿豆亚子系统补充量为 600.43 t。

由上述碳平衡将豆类亚子系统碳素产出投入模型绘于图 5-29。

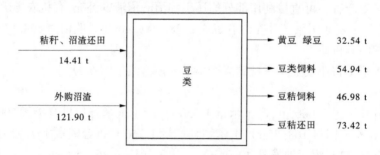

**图 5-29　豆类碳素产出投入模型**

初级生产者系统输出碳素及其流向列于表 5-10。

表 5-10　初级生产者系统输出碳素及其流向　　　　　　　　（单位:t）

| 农作物种类 | 用途 | | | | 总计 |
|---|---|---|---|---|---|
| | 产品输出 | 养殖饲料 | 还田 | 沼气发酵 | |
| 小麦 | 248.989 5 | 30.010 5 | 0 | 0 | 279.000 0 |
| 玉米 | 131.445 6 | 168.854 4 | 0 | 0 | 300.300 0 |
| 豆类 | 32.543 025 | 54.935 1 | 0 | 0 | 87.478 1 |
| 麦麸 | 0 | 48.276 0 | 0 | 0 | 48.276 0 |
| 麦秸 | 0 | 88.322 4 | 9.046 56 | 6.031 0 | 103.400 0 |
| 玉米秸 | 0 | 44.161 2 | 73.715 7 | 40.043 1 | 157.920 0 |
| 玉米棒芯 | 0 | 59.946 5 | 20.441 5 | 0 | 80.388 0 |
| 豆秸 | 0 | 46.980 0 | 73.420 0 | 0 | 120.400 0 |

在沼渣、沼液和秸秆回田的作用下,向初级生产者系统补充碳。豆秸、玉米秸秆、麦秸和玉米棒芯还田补充有机碳约为 176.623 8 t,作物还田后经过发酵,以 Van Bemmelen 因数换算为土壤有机质约 304.499 0 t。沼气池中的沼渣沼液还田,年补充有机质约为 497 t。

农场中的氮素随着初级生产者系统的粮食产品和初级消费者系统的肉、蛋流失,带走氮素共计 420.525 3 t,秸秆、沼渣还田补充有机质折合碳素 174.589 0 t。为使农场土壤在 30 年内达到一级土壤标准(有机质>40 g/kg),每年外购沼渣 1 857.14 t。有机农场向初级生产者系统年补充有机质约为 726 860.140 9 kg,按面积分摊至每个初级生产者各亚子系统。

2)氮循环

(1)小麦。

小麦籽粒产出折合氮素 18 600 kg(作为粮品输出系统部分 16 599.3 kg,饲料 2 000.7 kg);麦秸折合氮素 1 056 kg(其中用于养殖饲料 902.02 kg,直接还田 92.39 kg,入沼气池 61.59 kg);生产麦麸折合氮素 2 376 kg,全部以养殖饲料的形式输入初级消费者。小麦子系统氮素输出量为 22 032 kg。

豆类作物固氮,作物还田和沼液、沼渣还田向小麦子系统补充氮素 15 721.29 kg。

由上述氮平衡将小麦亚子系统碳素产出投入模型绘于图 5-30。

(2)玉米。

系统内种植玉米 2 000 亩,产玉米量 1 050 t。产生玉米籽粒折合氮素 17 062.5 kg(粮品输出 7 468.5 kg,养殖饲料 9 594 kg),玉米秸秆折合氮素 1 612.8 kg(养殖饲料 451.01 kg,还田 752.84 kg,沼气池发酵 408.95 kg),产出玉米棒芯折氮 1 102.5 kg(养殖饲料 822.15 kg,还田 280.35 kg)。玉米子系统氮素输出量为 19 777.8 kg。

豆类作物固氮,作物还田和沼液、沼渣还田向玉米子系统补充氮素 12 577.03 kg。

由上述氮平衡将玉米亚子系统碳素产出投入模型绘于图 5-31。

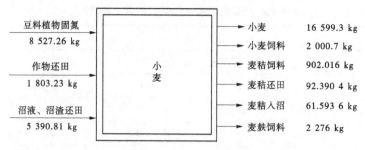

图 5-30　小麦氮素产出投入模型

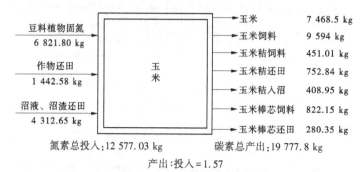

图 5-31　玉米氮素产出投入模型

（3）豆类作物。

农场种植黄豆 1 300 亩、绿豆 850 亩。黄豆、绿豆籽粒含氮量约为 63 774.38 kg（粮品输出 23 724.92 kg，养殖饲料 40 049.46 kg），生产豆秸折氮量 6 020 kg（其中 2 349 kg 作为养殖饲料，3 671 kg 还田）。豆类作物子系统氮素输出量为 69 794.375 kg。

初级生产者系统输出氮素及氮素流向列于表 5-11。

表 5-11　初级生产者系统输出氮素及氮素流向　　　　　　　　　　（单位：kg）

| 农作物种类 | 用途 | | | | 总计 |
|---|---|---|---|---|---|
| | 产品输出 | 养殖饲料 | 还田 | 沼气发酵 | |
| 小麦 | 16 599.30 | 2 000.70 | 0 | 0 | 18 600.00 |
| 玉米 | 7 468.50 | 9 594.00 | 0 | 0 | 17 062.50 |
| 豆类 | 23 724.92 | 40 049.46 | 0 | 0 | 63 774.38 |
| 麦麸 | 0 | 2 376.00 | 0 | 0 | 2 376 |
| 麦秸 | 0 | 902.02 | 92.39 | 61.59 | 1 056.00 |
| 玉米秸 | 0 | 451.01 | 752.84 | 408.95 | 1 612.80 |
| 玉米棒芯 | 0 | 822.15 | 280.35 | 0 | 1 102.50 |
| 豆秸 | 0 | 2 349.00 | 3 671.00 | 0 | 6 020 |

豆科植物根部共生根瘤菌可将空气中氮气转化固定在作物根部。平均每亩豆科植物每年可固定 10.55 kg 的氮素于根部,相当于 54 kg 硫酸铵。根据计算,种植 2 150 亩豆类作物,每年为农场土壤提供 22 682.5 kg 的氮素,加之作物不可利用部分还田和沼渣、沼液还田,初级生产者系统通过作物还田输入的氮素为 41 818.646 4 kg,以此来平衡小麦和玉米亚子系统中氮素的损耗。每年农场可在所有种植土壤中积累约 8.846 4 kg 氮素。

2. 养殖业——初级消费者

养殖场物质输入全部来自初级生产者,物质输入形式主要为养殖产品(肉、蛋)和粪便。

1)鸡亚子系统

养鸡场鸡数量为 2 050 只,每只鸡平均每日采食量为 0.5 kg,粮食饲料配比为黄豆 20%、玉米 50%、小麦 15%、麦麸 15%。根据粮食作物(干重)含碳量和含氮量(见表 5-12),计算养鸡场碳素输入量为 153 706.95 kg/年,氮素输入量为 24 169.5 kg/年。初级消费者摄入饲料中的碳素、氮素含量见表 5-13。

忽略养鸡场淘汰鸡,年产出鸡肉净肉重 2 378 kg,折算含碳量为 88.96 kg/年、含氮量 22.40 kg/年;养鸡场年产鸡蛋 47 150 kg,折算含碳量 5 054.48 kg/年、含氮量 965.632 kg/年;养鸡场年输出粪便 154 980 kg,折合干重 77 490 kg,折算含碳量为 15 282.25 kg/年、含氮量 1 278.59 kg/年。

养鸡场年输出碳素 20 425.69 kg/年、输出氮素 2 266.62 kg/年。初级消费者系统物质输出见表 5-14。

2)猪亚子系统

养猪场猪头数为 35 只,每头平均每日采食量为 3 kg,粮食饲料配比为黄豆 25%、玉米 30%、小麦 30%、麦麸 15%,计算粮食饲料输入子系统碳素 1 556.59 kg/年,氮素 2 884.14 kg/年(见表 5-13)。

养猪场输出猪肉含碳量 58.13 kg/年,粪便含碳量 2 624.51 kg/年,共计 2 682.64 kg/年;输出猪肉含氮量为 8.86 kg/年,粪便含氮量 60.33 kg/年,共计 69.19 kg/年(见表 5-14)。

3)牛亚子系统

养猪场猪头数为 261 只,每头平均每日采食量为 13.82 kg,粮食饲料配比为黄豆 10%、玉米 20%、麦麸 5%、麦秸 20%、玉米秸 10%、玉米棒芯 25%,计算粮食饲料输入子系统碳素 372 222.54 kg/年,氮素 31 490.69 kg/年(见表 5-13)。

养牛场输出牛肉含碳量 2 345.69 kg/年、粪便含碳量 50 238.84 kg/年,共计 52 584.53 kg/年;输出牛肉含氮量为 591.00 kg/年、粪便含氮量 1 694.58 kg/年,共计 2 285.58 kg/年(见表 5-14)。

初级消费者系统输入碳素总量为 541 486.08 kg/年,输入氮素 58 544.33 kg/年;输出碳素 75 692.86 kg/年,输出氮素 4 621.39 kg/年。碳素转化率为 13.98%,氮素转化率为 7.89%。能量转化示意图如图 5-32、图 5-33 所示。

表 5-12　初级消费者饲料消耗

| 亚子系统名称 | 数量（只/头） | 平均每日采食量（kg） | 年消耗作物（干重） | | | | | | | |
|---|---|---|---|---|---|---|---|---|---|---|
| | | | 玉米（kg） | 小麦（kg） | 豆类（kg） | 麦麸（kg） | 麦秸（kg） | 玉米棒芯（kg） | 豆秸（kg） | 总量（kg） |
| 鸡 | 2 050 | 0.5 | 184 500 | 55 350 | 73 800 | 55 350 | 0 | 0 | 0 | 369 000 |
| 猪 | 35 | 3 | 11 340 | 11 340 | 9 450 | 5 670 | 0 | 0 | 0 | 37 800 |
| 牛 | 261 | 10 | 187 920 | 0 | 93 960 | 46 980 | 187 920 | 234 900 | 93 960 | 939 600 |
| 总计 | | | 383 760 | 66 690 | 177 210 | 108 000 | 187 920 | 234 900 | 93 960 | 1 346 400 |

表 5-13　初级消费者碳素、氮素摄入量

摄入碳含量

| 亚子系统名称 | 数量（只/头） | 玉米（kg） | 小麦（kg） | 大豆（kg） | 麦麸（kg） | 麦秸（kg） | 豆秸（kg） | 玉米棒芯（kg） | 总计（kg） |
|---|---|---|---|---|---|---|---|---|---|
| 鸡 | 2 050 | 81 180 | 24 907.50 | 22 878.00 | 24 741.45 | 0 | 0 | 0 | 153 706.95 |
| 猪 | 35 | 4 989.60 | 5 103.00 | 2 929.50 | 2 534.49 | 0 | 0 | 0 | 15 556.59 |
| 牛 | 261 | 82 684.80 | 0 | 29 127.60 | 21 000.06 | 88 322.40 | 46 980 | 59 946.48 | 372 222.54 |
| 总计 | | 168 854.40 | 30 010.5 | 54 935.10 | 48 276.00 | 88 322.40 | 46 980 | 59 946.48 | 541 486.08 |

摄入氮含量

| 亚子系统名称 | 数量（只/头） | 玉米（kg） | 小麦（kg） | 大豆（kg） | 麦麸（kg） | 麦秸（kg） | 豆秸（kg） | 玉米棒芯（kg） | 总计（kg） |
|---|---|---|---|---|---|---|---|---|---|
| 鸡 | 2 050 | 4 612.50 | 1 660.50 | 16 678.80 | 1 217.7 | 0 | 0 | 0 | 24 169.50 |
| 猪 | 35 | 283.50 | 340.20 | 2 135.70 | 124.74 | 0 | 0 | 0 | 2 884.14 |
| 牛 | 261 | 4 698.00 | 0 | 21 234.96 | 1 033.56 | 902.02 | 2 349.00 | 822.15 | 31 490.694 |
| 总计 | | 9 594.00 | 2 000.70 | 40 049.46 | 2 376.00 | 902.02 | 2 349.00 | 822.15 | 58 544.334 |

表 5-14 初级消费者物质输出

| 亚子系统名称 | 数量(只/头) | 肉年输出量 | | | | 蛋年输出 | | | 粪便年输出 | | | | 年输出总量(kg) | |
| --- | --- | --- | --- | --- | --- | --- | --- | --- | --- | --- | --- | --- | --- | --- |
| | | 净肉重(kg) | 干重(kg) | 含碳量(kg) | 含氮量(kg) | 产量(kg) | 含碳量(kg) | 含氮量(kg) | 排出量(kg) | 干重(kg) | 含碳量(kg) | 含氮量(kg) | 含碳量(kg) | 含氮量(kg) |
| 鸡 | 2 050 | 2 378.00 | 713.40 | 88.96 | 22.40 | 47 150.00 | 5 054.48 | 965.63 | 154 980.00 | 77 490.00 | 15 282.25 | 1 278.59 | 20 425.69 | 2 266.62 |
| 猪 | 35 | 814.10 | 325.64 | 58.13 | 8.86 | 0 | 0 | 0 | 26 460.00 | 10 054.80 | 2 624.51 | 60.33 | 2 682.64 | 69.19 |
| 牛 | 261 | 60 990.48 | 18 297.14 | 2 345.69 | 591.00 | 0 | 0 | 0 | 1 298 527.2 | 376 572.89 | 50 238.84 | 1 694.58 | 52 584.53 | 2 285.58 |
| 总计 | | | | 2 492.78 | 622.26 | | 5 054.48 | 965.63 | | | 68 145.60 | 3 033.50 | 75 692.86 | 4 621.39 |

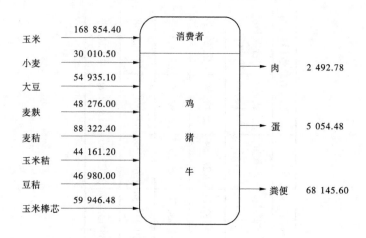

总输入：541 486.08　　　　总输出：75 692.86

初级消费者碳素产（出）投（入）比：75 692.86/541 486.08＝0.14

**图5-32　初级消费者系统碳素转化情况**　（单位：kg/年）

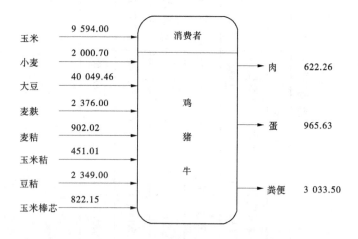

总输入：58 544.33　　　　总输出：4 621.39

初级消费者氮素产（出）投（入）比：4 621.39/58 544.33＝0.08

**图5-33　初级消费者系统氮素转化情况**　（单位：kg/年）

## 3. 沼气池

### 1）物质输入

初级生产者不可利用的部分和初级消费者的粪便进入沼气系统中。

不可利用的农作物部分包括麦麸、麦秸、玉米秸。不可利用作物带入沼气池物质含量如下，含碳量：麦秸 6 031.04 kg/年，玉米秸 40 043.097 6 kg/年；含氮量：麦秸 61.593 6 kg/年，玉米秸 408.950 8 kg/年。剩余农作物输入沼气池碳素含量为 46 074.137 6 kg/年，氮素含量为 470.544 4 kg/年。

输入沼气池动物粪便含碳量约为 68 145.605 7 kg/年，含氮量约为 3 033.491 8 kg/年。

沼气池输入的物质含量为:碳素 114 219.743 3 kg/年,氮素 3 504.036 2 kg/年。

2) 物质输出

沼气系统产生沼液、沼渣和沼气,其中沼液中含有的有机质可忽略不计;沼液中固体含量小于1%,其中含有速效氮,计入系统氮素循环中。沼气中的甲烷、二氧化碳和氮气散失至空气中,不计入系统后续碳素、氮素物质循环。沼气池中的沼渣作为碳素和氮素的载体,实现两种元素在农业生态系统中的循环。

沼气池中的沼液和沼渣还田,还田部分折合有机质 497 346.506 6 kg/年,相当于 288 484.052 5 kg/年的有机碳。沼气池中的沼液、沼渣碳素循环产投比为 2.525 7。沼气池碳素循环如图 5-34 所示。

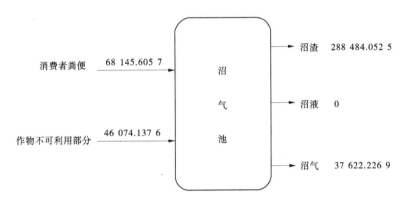

总输入:114 219.743 3　　　　　总输出:326 106.279 4

沼气系统的能量产(出)投(入)比:326 106.279 4/114 219.743 3=2.86

**图 5-34　沼气池碳素循环**　(单位:kg/年)

沼气池还田沼液和沼渣部分折合氮素 14 339.564 8 kg/年。沼气池沼液、沼渣的氮素循环比为 4.09。沼气池氮素循环如图 5-35 所示。

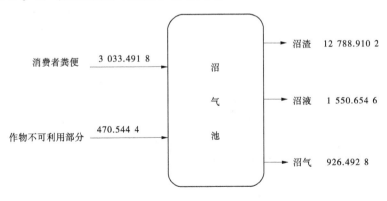

总输入:3 504.036 2　　　　　总输出:15 266.057 6

沼气系统的能量产(出)投(入)比:15 266.057 6/3 504.036 2=4.36

**图 5-35　沼气池氮素循环**　(单位:kg/年)

# 5.2　北京留民营生态农场

留民营村位于北京市东南郊大兴区长子营乡境内,全农场占地面积 141.3 hm²,耕地 110 hm²,该村位于永定河冲积平原地区,南临凤河,北依凤港河,地势较低,地下水源丰富,地面取水比较方便。该地冬夏长、春秋短,光能充足。水稻是当时留民营村的主要粮食作物,是农民经济收入的主要来源。

20 世纪 80 年代的留民营村存在着如下问题:①生产结构单一。种植业占 78%,畜牧业占 6%,工副业占 11.5%,林业只占 0.3%,没有渔业。②生态系统结构简单。一级生产者(种植业)在系统中占主要地位,缺少有效利用一级产品副产品(如秸秆等)的二级生产者。③有机氮、无机氮比例失调,氮素转化效率低。④化肥使用量过大。⑤劳动力利用不充分,全村有 70 个剩余劳动力。⑥林业薄弱,当时全村森林覆盖率只有 6.1%。这些问题的存在,使得留民营村农业生产的进一步发展受到严重的阻碍,这也是当时中国农村发展面临的问题,为此如何发展新时期中国的农业成了科学工作者和政府关注的话题。

1982 年国务院环境保护领导小组办公室与美国东西方中心环境与政策研究所在昆明和广州联合召开了"应用生态学原理增加农业生产"的国际学术讨论会,随后国务院环境保护领导小组开始组织生态农业的试点工作。同年北京市环境保护研究所以下有生研究员为首的一批科学工作者率先在留民营村建立生态农业试点,为我国生态农业的发展进行了积极的探索,这是我国第一次对生态农业进行的全面、定量系统的研究与实践。

留民营村在生态经济学理论的指导下,以存在的问题为切入点,大力调整生产结构,走"农、林、牧、副、渔多种经营、全面发展"的道路。

## 5.2.1　生态农业建设模式

### 5.2.1.1　产业结构

留民营农场在生态建设过程中,在保持生产优质大米的基础上,利用种植业优势,对生产结构进行了大幅度的调整,重点发展饲养业和以农副产品加工为主的工副业。经过多年的生产结构调整,形成了林、粮、果齐头并进,种、养、加同步发展的生产布局,初步改变了原有以种植业为主的单一生产结构和简单的生态循环关系,形成了多种物质循环和物质循环利用、重复利用的立体网络结构。模式包括:①种植业—饲养业—林业;②种植业—饲养业—沼气—渔业;③饲养业—饲料加工及豆制品厂—种植业—沼气—渔业。

20 世纪 90 年代初,留民营先后完成了下列工程项目的建设:

饲养业:奶牛场 1 座,存栏数 80 头;蛋鸡场 1 座,年产蛋 41.5 万 kg;肉鸡场 1 座,年出栏肉鸡 30 万只;瘦肉型猪场,专用于出售仔猪,存栏数 250 头;鸭场 1 座,年出栏 10 万只;种兔场 1 座,存栏数 500 只;鱼塘 4 个,有效水面 4 hm²;发展了原有的肉牛场,由 60 头增加至 98 头。

工副业:建设小型饲料加工厂 3 个,8 h 加工能力为 20 t;面粉厂 1 个;饮料厂 1 个,日加工饮料 1.95 万瓶;豆制品加工厂 1 个,日加工黄豆 100 kg;冰棍加工厂 1 个;蛋品加工厂 1 个,主要生产松花蛋;成立了机修厂和汽车修配厂。

此外,还建设蘑菇房 1 座,面积 1 000 m²,菌种培养室 2 间;大力发展蔬菜生产,建有蔬菜大棚 40 个,菜地总面积达 15 hm²。

这种立体网络结构有利于第一性生产的植物资源的充分利用,提高了系统内废物再循环利用率,增加了系统的经济效益。同时这种多因子、多层次的系统结构,使得系统具有更高的生产效能和更大的抗逆应变能力,增强了系统的稳定性。

### 5.2.1.2　废料综合利用建设

系统内废物综合利用,使不完整的传统农业循环变为完整的良性生产循环,这种利用不但使资源的利用更加充分合理,同时极大地改善了农业生产环境。20 世纪 90 年代初,留民营农场逐步建立并完善了两种不同规模的综合利用模式。

1. 家庭规模型

在生态农业建设中,沼气是系统能量转换、物质循环及有机废料综合利用的中心环节,是联系初级生产者、初级消费者和分解者的纽带。对于建立农业循环体系保持系统的生态平衡起着极重要的作用。

家用沼气池原来在留民营村有一定的基础,在生态农业建设过程中,留民营村充分利用了这一有利条件,并在此基础上完善了家庭规模型的综合利用模式。20 世纪 90 年代初,全村建起了 8 m³ 的家用沼气池,共计 170 个。

2. 系统总体型

系统总体型这一利用模式是建立在全村农、林、牧、副、渔多种经营的基础上的,通过这一模式,以沼气为纽带,将全村各行各业有机地串联起来,形成了一个相互促进的良性循环系统。

### 5.2.1.3　新能源建设

到 20 世纪 90 年代初,全村共购置太阳灶 180 个,太阳能热水器 165 个,太阳能采暖房 38 间。这种太阳能和生物能利用的相互补充,表现出在时空分布上不同的多层次和多形式利用,形成了一个新能源利用网络。再配合使用节柴灶,使留民营村居民的生活用能基本上得到了解决。

随着农业生产结构的调整及综合经营的发展,原来以种植业为主的生产系统逐步同畜牧业、渔业、林业和加工业密切结合,形成综合经营的生态农业体系。留民营村的生态农业建设不仅得到国内外专家学者的高度评价,也得到很多国际组织的充分肯定,1987 年留民营村被联合国环境规划署评为"全球环境保护 500 佳",并命名留民营村为世界生态农业新村。

## 5.2.2　留民营村生态农业建设经验

留民营生态农场特殊的地理位置(北京近郊)和独特的生态建设模式(种、养、加同步发展)对农场的生产和经济建设起到了积极的推动作用。20 纪 90 年代初以来,留民营村在已取得生态效益、经济效益和社会效益成绩的基础上,不断前进,开始了更加深入、更大规模的生态农业建设,不断拓展建设领域,取得了一系列的成绩。

(1)以发展安全食品为特色,进一步调整农业生产结构。

继续保持原有种植业、饲养业、林业和渔业的发展模式,扩大原有的农、林、牧、渔发展规模,加强农业基础设施建设,调整种植业的种植结构,向食品发展的深度和广度进军。

为了实现"两高一优"农业,留民营村发展了 20 hm² 连片的日光温室蔬菜大棚,新型大棚日光温室共有 31 栋,全自动连栋式大棚 1 栋。全部按照无公害、绿色或有机食品标准生产,并且注重蔬菜品种种植的多样化。农作物种植改水田为旱田,种植品种由原来的水稻改为小麦、玉米两茬平播,扩大农田复种指数。与此同时,农场还加强了水利和农机的基础设施建设,所有农田全部实现农业机械和水利灌溉的喷灌化。这种调整,使农业走向了市场,经济效益较 20 世纪 90 年代初有了明显的提高。

从 20 世纪 90 年代初开始,留民营畜牧业为适应市场发展,转变经营机制,形成了产、供、销一条龙系列化生产。目前,各个养殖场先后建起了种禽场、孵化间、小型饲料厂和屠宰加工厂。现在,农场每年向首都市场提供鲜蛋 130 万 kg,较 20 世纪 90 年代初增长 313%;奶牛饲养规模达到 100 头,增长 25%;商品鸭达到 20 万只,增长 100%;年出栏商品猪达到 5 000 头,增长 20 倍,成为京郊一个规模较大的农副产品生产基地。

近 10 年来,农场先后植树 4.2 万株、荆条 25 万 t、花卉 9 000 株,发展果园、苗圃 16.7 hm²,目前农场林木覆盖率已经达到了 25%,使留民营的林业建设形成了一个多树种、多层次、多功能、多效益的立体型生态林业结构,为农田生产营造了良好的农田小气候,保护了益鸟益虫,在农业生产上起到了积极的作用。大力植树造林不仅建设成了美丽的绿色田园,还为留民营村住宅美化了环境。近几年来,留民营生态农场连续被评为首都美化绿化先进单位和全国农田林网先进单位。

为进一步发挥沼气在系统能量转换、物质循环及有机废料综合利用的中心环节作用,1992 年,在联合国开发计划署和市、县能源办的支持和帮助下,村里在畜牧区的中央建起了容积为 100 m³ 的高温发酵沼气池,1996 年又兴建了 1 座 250 m³ 的高温发酵池,用以替代过去的小型家用沼气池,这两项沼气工程每年可生产沼气 30 万 m³,足以一年四季为全村农户及集体单位食堂提供生活能源,还可以取暖发电。此外,通过对有机废料的综合利用,不但变废为宝,而且还改良了土壤,增强了农业发展的后劲,使生态环境有了明显的改善,促进了农业的良性循环,实现了农业上的高产、优质、高效和低耗。

(2)打破搞生态农业不能搞工业的禁锢,使结构开始向立体化发展。

留民营村在 20 世纪 80 年代末 90 年代初时,致力于农业生产发展,村里仅有少量的小企业,发展规模很小,经济效益不明显。进入 90 年代以来,留民营村打破"搞生态农业不能搞工业"的禁锢,使结构开始向立体化发展,充分利用生态村的优势,吸引外资和技术。近几年来,在市县领导及有关专家的支持和帮助下,开始规划建设村办工业小区。经过几年的努力,本着发展经济保护环境的原则,已建起了 4 家涉外企业和 5 家村办企业,有力地壮大了集团经济实力,在带领农民致富奔小康的道路上迈出了坚实的一步。

(3)利用生态优势和区位优势,大力开发生态旅游。

1987 年 6 月 5 日国际环境日,留民营生态农场负责人张占林被联合国环境规划署授予"全球环境保护 500 佳"荣誉称号。从 6 月 5 日起,留民营村这个名不见经传的小村庄,成了中国第一个得到国际生态学界和联合国环境规划署正式承认的中国生态农业第一村。从那时起,留民营就开始接待中外游客,不过游客大都为中外学者,他们一般是慕名而来进行参观或学术交流。如今,留民营村已是京郊地区乃至全国农村的涉外窗口,每天来留民营参观考察的中外来宾络绎不绝,观光农业和生态旅游已成为留民营生态农场新的经济增长点。留民营村农业观光园占地 200 亩,园内有新型日光温室 31 栋,全自动连栋式大棚 1 栋。该园区是有机食品的生产基地,所产蔬菜完全是施用有机肥、不喷洒农药的有机蔬菜,供应市区的超市和一些大饭店。游客到这里不仅可以看到现代化的农业种植,而且可以亲自采摘新鲜的有机蔬菜。留民营农业公园儿童娱乐区,有各种滑梯、转椅、蹦蹦床、空中自行车等玩具,还设有游泳场,水上滑梯、儿童垂钓园,垂钓园内有多个鱼种供游客垂钓。动物观赏区内有鹿、驼鸟、孔雀、马、猪等几十种动物供游客观赏,游客还可以亲自喂养动物,让人和动物和谐相处。传统农具展示区,展示过去传统耕作时的一些农具,有碾子、磨、犁、锄头、纺车等几十种农具,在这里游客可以用碾子推磨,用纺车纺线,体验传统劳作方式给人们带来的乐趣。健身区内有空中漫步、单杠、双杠、脚踏车等几十种健身器械。另外,园内还设有快餐厅、冷饮部等配套设施。

(4)大力加强村镇建设,按生态要求进行规划和建设。

进入 20 世纪 90 年代以来,留民营村由于积累了较雄厚的经济实力,农场基地设施、配套功能体系日趋完备,村镇面貌日新月异。按照规划设计,目前从留民营总体布局看,已经形成了地上 4 个区、地下 3 个网,4 个区即农业种植区、畜牧养殖区、无污染工业小区和农场生活区;3 个网即供水网络、供电网络、供气(沼气)网络。居民生活区是村镇建设的主体,240 户已有 180 户住上两层的居民住宅楼。除此之外留民营村生态农场还新建了农场办公楼、招待所、餐厅、商店、歌舞厅、公园、学校、电信局、农行分理处和能容纳 1 500 人的会议厅。村庄虽小,但却具备了城市的功能,农民的生活方式和文明程度也开始向城市化现代化迈进。

# 5.3　合阳县以沼气为纽带的生态农业模式

陕西省合阳县在生态农业建设试点中,按照生态学和生态经济学原理,结合实际,进行以沼气为纽带的生态农业建设,并对生态农业技术进行不断的总结、提高和推广,形成适合当地生态特征的多种生态农业模式,取得了显著的社会效益、生态效益和经济效益。

## 5.3.1　果园"沼气五配套"工程生态模式

"八五"计划初期,合阳县政府调整产业结构,将发展林果业作为强国富民的一项支柱产业。县能源办配合全县部署,在果园内建沼气池以提高果品产量和品质,并在实践中创造和发展了果园"沼气五配套",即一个约 3 330 $m^2$ 的成龄果园,配套建一口 8 $m^3$ 的沼气池,池上建一座猪、鸡舍,一眼水窖,一种节水保墒措施和一座简易看护房。这种模式以沼气为纽带,将果业、畜牧生产和微生物发酵技术有机结合起来,实现产气积肥同步,种植、养殖并举,能流、物流良性循环的生态链。辛池乡的秦庄村 64 户果农实施果园"沼气五配套",鸡猪粪为原料进沼气池产气,所产沼气用来做饭、照明、储果;沼液用来喂猪,并作为生物农药喷洒果树防虫治病;沼渣作为有机肥,根施果树。马家庄乡南洼村马桂花 3 330 $m^2$ 果园,年养猪 4 头,用沼肥代替了化肥,节约化肥农药投资 1 000 元/年,且水果品质好,商品果品质由 70% 提高到 90%,每 666 $m^2$ 可增加 300 kg 的商品果,增收 300 元左右。目前,全县已建了 300 多户"沼气五配套"工程。据测算:若全县 6 700 hm² 成龄果园全部实施"沼气五配套",节约投资和果品增值两项合计,全县每年将增收节支 700 万元。

## 5.3.2　渭北旱作生态农业模式

合阳县常年干旱少雨,水成为制约农业生产发展的重要因素,并由于大量施用化肥、农药,造成土壤瘠薄,产出率低。近几年,当地农民在长期的生产实践中,形成了一种以牧促沼,以沼积肥、种草蓄水来提高水的利用率的生态模式。其内容为"沼气池—覆盖(麦草、秸秆、种草等)—节水灌溉(滴灌、渗灌等)—养殖。推行这种模式可多蓄少耗,减少蒸发。如利用沼液与渗灌相结合的措施,在相同的水量下,可成倍地扩大灌溉面积,并使作物养分和水分得到同时供给。在旱地,每亩覆盖 750 kg 左右的麦草或秸秆,相当于增加了 100 mm 的自然降水和二次灌溉。目前,合阳县甘井镇应用此项技术每 666 m² 渗灌只需 12 m³ 水,种植的牧草(三叶草、毛苟子等),可保墒抗旱,为牲畜提供丰富的饲源,促进了养殖业的发展。甘井镇型庄村朱三林建了一口 8 m³ 的沼气池,1997 年养猪 20 头,利用沼液、牧草饲喂减少了饲料,缩短了出栏期,加上出售仔猪,毛收入 1.6 万元;0.2 hm² 果园采用麦草覆盖,并配合渗灌加沼液的灌溉方式,全年化肥、农药灌溉费用减少 2 000 元,果品收入达 1.5 万元。仅 1997 年,全家就实现了人均 4 000 元的脱贫致富目标。

## 5.3.3　庭院生态经济模式

这种模式以庭院为依托,充分利用房前屋后有限的空间,通过沼气发展家庭养殖、种植业,形成猪栏上养鸡,鸡粪喂猪,猪粪入池产气,沼肥施蔬菜、果树,蔬菜下脚料喂猪的模式。有的农户还同家庭副业相结合,办豆腐坊,生产食用菌,栽培花卉等,均取得了显著的经济效益。平政乡席家坡村席旺学一家五口人,建了一口 8 m³ 沼气池,养了 5 头猪,卖了 4 000 元,200 只鸡,产值 2 000 元,还种了 67 m² 菜地,全年发展庭院经济共收入 8 000 余元,成为家庭收入的重要来源。

## 5.3.4　"苹果树枝—香菇—沼气"生态模式

近几年,由于合阳县果业发展速度较快,每年修剪大量树枝废弃掉,不但造成资源浪费,而且堆积起来,污染环境。1997 年,甘井镇在省农科院的指导下,首先利用苹果残枝生产香菇,香菇残渣进沼气池,形成了"苹果树枝—香菇—沼气"的生态农业模式。此模式有效地利用了废弃物,还降低了香菇的生产成本,提高了果农的经济效益。目前,全镇已投资 80 万元,购置了菇料粉碎机、接种箱、建蒸炉等,同时,又聘请了河南技师指导生产。麻阳、休里、朝阳等重点村,人均育菇 100 袋,最多的户达到 5 000 袋,每年可使农民增加收入 150 多万元。

# 第 6 章　平舆县种植模式对浅层地下水的影响

## 6.1　水体现状调查

结合农田采样布局,在每次采集土壤样品时,尽量采集周边地下水和地表水土样。与土样相对应,分别采集了西洋店西洋潭村的井水和西洋潭水土样、蓝天芝麻小镇农田井水和地头沟渠水、水投集团试验田地下水和地下水蓄水的调蓄湖湖水、天水湖闲置农田的井水及湖水。其中,蓝天芝麻小镇采样农田周边没有天然河流,仅有养殖户和村民一排水沟。水投集团试验田和天水湖水样进行了两次采集,第一次天水湖尚未蓄水,无地表水;第二次采样,水投集团试验田水井被封闭,只采集了地下水蓄积的调蓄湖水。采样检测结果分别见表 6-1~ 表 6-3。

表 6-1　西洋店和蓝天芝麻小镇水样检测

| 项目 | 单位 | 蓝天芝麻小镇 | | 西洋店西洋潭村 | |
|---|---|---|---|---|---|
| | | 田间井水 | 地头沟渠水 | 地下水河道 | 井水 |
| pH(无量纲) | — | 7.92 | 7.72 | 7.86 | 7.21 |
| 色度 | 度 | 7 | 9 | 12 | <5 |
| 浊度 | NTU | 4.02 | 1.1 | 1.3 | 0.46 |
| 总硬度 | mg/L | 280 | 430 | 180 | 345 |
| 耗氧量 | mg/L | 1.36 | 3.04 | 4.72 | 0.88 |
| 氯化物 | mg/L | 26 | 62 | 28 | 26 |
| 硫酸盐 | mg/L | 22 | 39 | 17 | 29 |
| 细菌总数 | CFU/1 mL | 36 | 180 | 210 | 18 |
| 总大肠菌群 | CFU/100 mL | 未检出 | 7 | 4 | 3 |
| 吡虫啉 | mg/kg | — | — | 未检出 | — |
| 戊唑醇 | mg/kg | — | — | 未检出 | — |
| 毒死蜱 | mg/kg | — | — | 未检出 | — |
| 三唑酮 | mg/kg | — | — | 未检出 | — |
| 氯氰菊酯 | mg/kg | 未检出 | — | 未检出 | — |
| 五氯硝基苯 | mg/kg | — | — | 未检出 | — |
| 代森锌 | mg/kg | 未检出 | — | — | — |
| 多菌灵 | mg/kg | 未检出 | — | — | — |
| 苯磺隆 | mg/kg | 未检出 | — | — | — |
| 莠去津 | mg/kg | 未检出 | — | — | — |

表 6-2　水投集团实验田与天水湖地下水水质检测　　　（单位：mg/L）

| 项目 | 天水湖 | 水投集团试验田 | |
|---|---|---|---|
| | | 地下井水 | 调蓄湖 |
| pH(无量纲) | 8.46 | 7.82 | 7.86 |
| 浊度 | 1 | 1 | 1 |
| 总硬度 | 201 | 357 | 383 |
| 氯化物 | 44.1 | 41.2 | 68 |
| 硫酸盐 | 20.7 | 25.5 | 17.8 |
| $COD_{Cr}$ | 8 | 6 | 4 |
| 总磷 | 0.475 | 1.4 | 0.957 |

表 6-3　水投集团试验田调蓄湖和天水湖周边二次采样水质　　　（单位：mg/L）

| 样品 | TP | $NH_4^+-N$ | $NO_3^--N$ | $NO_2^--N$ |
|---|---|---|---|---|
| 天水湖井水 | 3.27 | 3.11 | 27.95 | 6.60 |
| 天水湖湖水 | 0.504 | 4.27 | 10.48 | 27.17 |
| 水投集团试验田调蓄湖湖水 | 0.346 | 3.11 | 38.82 | 14.75 |

# 6.2　水质现状分析

## 6.2.1　评价指标

　　根据农田和水样调查结果，本项目中存在的问题主要是种植业导致的地下水的氮磷污染。本次评价选择对地下水影响较大的氨氮、硝酸盐、亚硝酸盐作为主要评价参数。

## 6.2.2　评价标准

　　根据国家颁布的标准，有《地表水环境质量标准》(GB 3838—2002)和《地下水质量标准》(GB/T 14848—2017)，作为本次评价的评价标准。标准中相关项目指标要求如表 6-4~表 6-6 所示。

　　评价公式为

$$F = \sqrt{\frac{\overline{F}^2 + F_{max}^2}{2}}$$

式中：$F$ 为各单项组分评分值；$\overline{F}$ 为各单项组分评分值 $F_i$ 的平均值，$\overline{F} = \frac{1}{n}\sum_{i=1}^{n}F_i$，$n$ 为项数；$F_{max}$ 为各单项组分评分值 $F_i$ 中的最大值。

表 6-4　地表水环境质量标准基本项目标准限值　　　（单位:mg/L）

| 项目 | | I 类 | II 类 | III 类 | IV 类 | V 类 |
|---|---|---|---|---|---|---|
| pH(无量纲) | | \multicolumn{5} 6~9 | | | | |
| BOD$_5$ | ≤ | 3 | 3 | 4 | 6 | 10 |
| COD$_{Cr}$ | ≤ | 15 | 15 | 20 | 30 | 40 |
| 氨氮(NH$_3$-N) ≤ | | 0.15 | 0.5 | 1.0 | 1.5 | 2.0 |
| 总磷(以 P 计) | ≤ | 0.02 | 0.1 | 0.2 | 0.3 | 0.4 |
| | ≤ | (湖、库 0.01) | (湖、库 0.025) | (湖、库 0.05) | (湖、库 0.1) | (湖、库 0.2) |
| 总氮(湖、库,以 N 计) | ≤ | 0.2 | 0.5 | 1.0 | 1.5 | 2.0 |

表 6-5　集中式生活饮用水地表水源地补充项目标准限值　　　（单位:mg/L）

| 项目 | 标准值 |
|---|---|
| 氯化物(以 Cl$^-$计) | 250 |
| 硫酸盐(以 SO$_4^{2-}$计) | 250 |
| 硝酸盐(以 N 计) | 10 |

表 6-6　地下水相关质量分类指标　　　（单位:mg/L）

| 项目 | I 类 | II 类 | III 类 | IV 类 | V 类 |
|---|---|---|---|---|---|
| 硝酸盐(以 N 计) | ≤2.0 | ≤5.0 | ≤20.0 | ≤30.0 | >30.0 |
| 亚硝酸盐(以 N 计) | ≤0.001 | ≤0.01 | ≤0.02 | ≤0.1 | >0.1 |
| 氨氮(以 N 计) | ≤0.02 | ≤0.02 | ≤0.2 | ≤0.5 | >0.5 |

各指标单项组分评价分值如表 6-7。

表 6-7　单项组分评价分值

| 类别 | I 类 | II 类 | III 类 | IV 类 | V 类 |
|---|---|---|---|---|---|
| $F_i$ | 0 | 1 | 3 | 6 | 10 |

根据 F 值,按表 6-8 规定划分地下水质量级别。

表 6-8　单项组分评价分值

| 级别 | 优良 | 良好 | 较好 | 较差 | 极差 |
|---|---|---|---|---|---|
| F | <0.80 | 0.80~2.50 | 2.50~4.25 | 4.25~7.20 | >7.20 |

经计算,各水样单项 $F_i$ 值结果如表 6-9 所示。

表 6-9　各水样单项组分评分值 $F_i$

| 样品 | $F_1$ | $F_2$ | $F_3$ | $F_4$ |
|---|---|---|---|---|
| | TP | $NH_4^+-N$ | $NO_3^--N$ | $NO_2^--N$ |
| 天水湖井水 | 10 | 10 | 10 | 10 |
| 天水湖湖水 | 10 | 10 | 10 | 10 |
| 水投集团试验田调蓄湖湖水 | 10 | 10 | 10 | 10 |

经计算,各单项平均值均为 10。则各水样综合评价值如表 6-10 所示。

表 6-10　各水样综合评分值 $F$

| 样品 | 天水湖井水 | 天水湖湖水 | 水投集团试验田调蓄湖湖水 |
|---|---|---|---|
| $F$ | 10 | 10 | 10 |

根据表 6-10 可以判断,虽然经过水投集团试验田停止施用化肥、天水湖闲置耕地短期闲置,各水样在富营养化和致癌物亚硝态氮的指标上,均依然为极差。表明地下水的质量恢复不是短时间可以实现的。

由于氮在微生物和化学反应作用下,氮肥施入土壤后,各形态的氮均已污染了地下水环境。同时发现,比较稳定的磷,也出现在地下水中,且浓度均远远超过地表水环境质量标准中对湖、库环境安全的要求。如此高浓度磷含量的地下水,一旦进入地表,将会导致水体富营养化。初步推测,主要是由于氮肥的过量施入,引起土壤酸化后,促进了磷的形态的变化,部分磷酸盐由难溶盐在氢离子作用下,转化为溶解度更高的形态,通过淋溶进入地下水。

另外,由于检测手段所限,没有对所有使用农药进行检测。同时,由于农药成分在自然环境中,经氧气、光照、微生物等作用,会发生官能团的转变,某些官能团的变化,并不意味着农药毒性的降低,甚至可能会增大,但相应的检测方法却无法检测到它反应后的结构,可能会导致未检出原有成分。因此,虽然表 6-1 中农药未检出,并不代表农药对地下水无污染,需要后续继续寻找更合理、精准的方式检测。如对水样进行浓缩、选择代表性的官能团进行检测等方式,以及采用水的生物毒性试验方式,判断农药对地下水的影响。

# 第 7 章　氮肥对平舆县环境影响的模拟研究

## 7.1　氮的迁移转化

　　根据平舆县土样调查检测观察结果可知,调查范围内的土壤存在酸化严重及板结的问题,经过分析调查可知,该区域土壤所存在的问题可能是由氮素肥料、酸性肥料的施用所引起的。通过水样测调查监测分析,天水湖闲置耕田和水投试验田地下水中三氮指标超标,水体严重污染。近些年来,地下水中的氮污染在世界范围内普遍存在,其中离子态的 $NH_4^+$、$NO_2^-$、$NO_3^-$ 即常称为三氮,三氮的污染和治理已经成为国内外专家研究的热点问题。目前,世界上许多国家和地区的浅层地下水都发现有不同程度的氮污染,特别是近年来化肥农药在农业上的大量施用,对环境造成的污染尤其是地下水污染日益严重。而农田土壤中氮素的淋失被认为是造成地下水中氮污染的主要原因之一。众所周知,氮素是当前农田生产力的主要限制因素之一,同时是日益增长的污染因子。

　　在氮污染物环境行为和毒性的研究中,土壤一直是一个最重要的研究对象,它不仅是氮素的主要承载体,而且是最主要的降解、分解、矿化场所。施入到土壤中的氮素,除去被农作物吸收及残留在土壤中的部分外,一部分以气态形式逸向大气,另一部分经淋失进入水域直接进入水域对地下水造成威胁。而土壤的结构、厚度、有机物及微生物含量和分布规律等在很大程度上决定着地下水是否易受到污染及其污染程度。近年来,还有数据表明氮肥的种类、施用方式及植物的种类对于硝态氮的淋失和地下水的污染也有明显的影响,因此将土壤和地下水有机地联系起来研究,对氮污染问题及平舆县土壤酸化和板结问题具有一定的意义。

### 7.1.1　氮在土壤中的迁移转化过程

　　在土壤中,氮主要以四种形式存在:有机氮、氨氮、硝态氮和气态氮。土壤中的氮可以由微生物固定分子 $N_2$ 而获得,也可以在通过耕地施肥,经由雨水和灌溉带入,除由于作物根系吸收、挥发和淋溶等作用损失和消耗外,大部分会以硝态氮形式存在于地下水中。

　　不同形态和数量的氮素进入土壤之后,随时都在不断地转化之中,构成了氮循环。包气带土壤中的氮素循环主要有矿化-固持,硝化-反硝化、吸附-解吸过程(见图 7-1)。

　　(1)矿化作用和固持作用。

　　氮的矿化作用是指土壤中有机氮在土壤微生物的作用下转化为无机氮的过程。包气带中含氮有机物的矿化过程可分为两个阶段:第一阶段是氨基化作用,或称氨基化过程,即通过微生物的作用,将复杂的含氮有机物转化成简单的含氨基的有机化合物;第二阶段是氨化作用,即将氨基酸等简单的氨基化合物分解成氨。

　　氮的固持作用是指无机氮化合物( 如 $NH_4^+$、$NH_3^+$、$NO_3^-$、$NO_2^-$)转化为有机氮的过程。

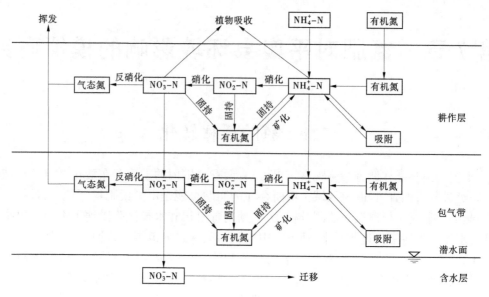

图 7-1　包气带土壤的氮循环

土壤生物能同化无机氮化合物,并将其转化为构成土壤生物的细胞核组织,即土壤生物体的有机氮成分。

(2)硝化作用和反硝化作用。

土壤中的铵态氮在微生物的作用下转化为硝态氮的过程称之为硝化作用。因此硝化作用是使包气带土壤中的氨氮含量减少的过程。硝化作用分为两步,第一步先转化为亚硝态氮($NH_4^+$-$NO_2^-$),这一作用称为亚硝化作用;第二步是把亚硝酸态氮转化为硝态氮($NO_2^-$-$NO_3^-$),这一作用称为硝化作用。

硝酸盐在厌氧环境中被反硝化细菌逐步还原成气态氮(如 $N_2$、$N_2O$ 等)的过程称为反硝化作用。

(3)吸附作用和解吸作用。

吸附作用为包气带土体中固相、液相之间的一种物理化学作用,对溶质的运移有重要的影响,参与了溶质在土壤中运移的过程,表现在对溶质运移起阻滞作用。大量的试验和理论证明,土壤包气带对溶质的吸附和解吸是一个极其复杂的过程,它不仅与溶质的浓度有关,还受溶质的电荷性质、土壤颗粒的性质及土壤包气带土体中微生物作用的影响。

土体中的 $NO_3^-$ 和 $NH_4^+$ 都是易溶于水的离子而容易随水流失。但是由于一般土壤胶体带有负电荷,能够吸附 $NH_4^+$ 而使其不易淋失,从而延缓和阻滞 $NH_4^+$ 的进一步迁移和转化,在一定程度上抑制氮素的淋失。$NO_3^-$ 离子则受到排斥的作用,而易随土壤水流失,进入到地下水中。

解吸过程是吸附的逆过程,两种过程处于一种动态的变化之中,当土壤对 $NH_4^+$ 的吸附量达到最大值时,会停止对 $NH_4^+$ 的吸附,并可能向土壤水中重新释放 $NH_4^+$,从而发生解吸反应,在入渗水流的作用下 $NH_4^+$ 还是可能进入地下水中。

(4)根系吸收作用。

根系对氮素的吸收是土壤中氮平衡的重要过程。对流和扩散是将氮素送至根系的两种过程。一般地,在包气带的上部耕作层中,存在植物的固氮和氨氮挥发作用,在耕作层以下的土层,这两种作用很微弱可忽略。本次研究使用土壤已闲置两年,且试验过程无植物种植,本次研究不考虑根系吸收这个过程。

## 7.1.2 影响氮迁移转化的因素

氮的转化明显受环境因素及地质因素的影响。

### 7.1.2.1 温度

硝化作用的适宜温度为 $16 \sim 35 ℃$,温度太高和太低对硝化作用都不利,当温度低于 $0 ℃$ 或高于 $40 ℃$ 时,硝化作用很弱。$35 ℃$ 和 $20 ℃$ 相比,前者的硝化速率约为后者的 8 倍。

反硝化作用的最佳温度为 $35 \sim 65 ℃$。$35 ℃$ 时即达到最高的反硝化速率,从 $35 \sim 60 ℃$,其反应速率几乎一样。在 $3 \sim 85 ℃$,均可发生反硝化作用,但是低于 $11 ℃$ 时,反硝化速度就很低了。

### 7.1.2.2 pH

硝化作用最佳的 pH 范围是 $6.4 \sim 7.9$,在 $5.1 \sim 7.9$ 的范围内均可能发生硝化作用;pH>7.9 时,一般只产生 $NH_4^+$ 氧化为 $NO_2^-$;pH<5.1 时,基本上不发生硝化作用。

产生反硝化作用的 pH 范围是 $3.5 \sim 11.2$,低于 3.5 或高于 11.3 均不发生反硝化作用。反硝化作用最佳 pH 为 $8 \sim 8.6$。

### 7.1.2.3 土壤含水率与含氧量

当土壤含水率为最大持水度的 $1/2 \sim 2/3$ 时,硝化作用最强,虽然长期干旱或淹水时也存在硝化细菌,但由于硝化菌发育缓慢,所以硝化作用也很弱,一般来说,当 Eh(氧化还原电位)>250 mV 或 300 mV 时才产生硝化作用。而 Eh<250 mV 或 300 mV 时才产生反硝化作用。硝化作用随 Eh 值增加而增加,而反硝化作用则随 Eh 值降低而增加。所以,在淹水土壤中容易产生反硝化作用。因为在淹水条件下,只有表层不到 1 cm 的土壤的氧化层,其下即为还原层,Eh 值一般小于 300 mV。

### 7.1.2.4 土壤的类型及地质结构

土壤中的黏粒含量对氮素转化有比较重要的影响。一方面,土壤中黏粒含量增高,土壤对 $NH_4^+$ 的吸附性增加,减少了氮的淋溶迁移损失,有利于氮肥的有效使用;另一方面,随着土壤中黏粒含量的增高,水土系统的厌氧程度提高,有利于反硝化作用的进行。

一般来说,颗粒粗、透水性好的地层有利于硝化作用,因为它有利于大气与土壤空气的交换。

### 7.1.2.5 含水层类型

由于潜水含水层中硝化作用强烈(若包气带透水性好),所以大部分的氮污染发生于潜水含水层;而承压含水层由于隔水层的保护,不利于硝化作用,有利于反硝化作用,所以承压含水层很少受 $NO_3^-$ 的污染。

氮在土壤中的迁移转化过程比较复杂,影响因素较多,因此本书将在实验室条件下分析氮在土壤中的迁移化规律的基础上,再运用 HYDRUS-1D 软件模拟氮在土壤中的迁移转化过程,进一步研究描述氮的迁移转化规律。

# 7.2 氮迁移转化的试验模拟

## 7.2.1 试验目的

通过试验,在确定农田土壤理化性质下,了解不同形态氮的迁移能力、土壤拦截能力,预测一次性施肥后降雨量与淋出水中氮肥含量之间的关系及施肥量与淋出水中氮肥含量的关系,分别预测一次性施肥对地下水氮含量的影响和示范农田土壤的氮环境容量。

## 7.2.2 试验方法与设备

农田分层取 1.25 m 深的土壤,每层 25 cm。对土壤样品进行筛分处理,填充用土粒径小于 1 mm,成分分析用土粒径和处理方式,根据检测要求进行。测定影响氮迁移的土壤基本参数。模拟平舆县施肥结构和降水量,分析不同形态氮在土壤中淋溶的迁移转化规律。填充土壤直径 7 cm、高 12 cm。填充方式如图 7-2 所示。

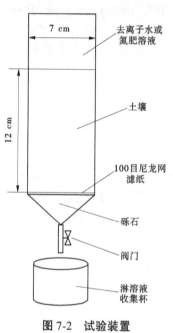

图 7-2 试验装置

### 7.2.2.1 淋溶试验

模拟平舆县耕地氮肥施肥量和施肥比例,根据试验装置面积计算得氮肥投加量。一次性投加氮肥中氨氮含量 38.4 mg,硝酸盐氮含量 0.2 mg,亚硝酸盐氮含量 0.06 mg。肥料送北京中科百测检验技术有限公司进行检验,检测结果为氨氮 158.89 g/kg、硝态氮 10.16 g/kg、亚硝态氮为 0。

每 24 h 加去离子水淋溶和取样一次。分析方法采用国家标准,试剂纯度依照分析方法要求。

### 7.2.2.2 环境容量试验

每次投加 50 mL 氮肥水溶液,其中氨氮为 76.8 mg/L,硝酸盐氮含量 0.4 mg/L,亚硝酸盐氮含量 0.012 mg/L,测淋出液中各种形态氮的含量。

## 7.2.3 耕地土壤不同氮形态淋溶试验

### 7.2.3.1 氨氮淋溶试验

1. 水投集团试验田

图 7-3、图 7-4 分别描述了水投集团试验田每层出水氨氮浓度及不同深度土层氨氮含量分布。

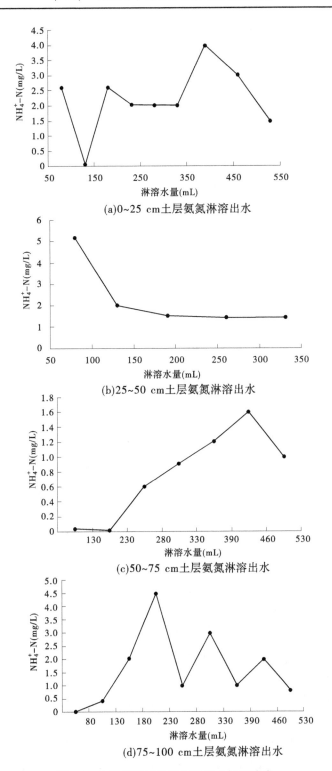

(a)0~25 cm土层氨氮淋溶出水

(b)25~50 cm土层氨氮淋溶出水

(c)50~75 cm土层氨氮淋溶出水

(d)75~100 cm土层氨氮淋溶出水

图 7-3　水投集团试验田每层出水氨氮浓度

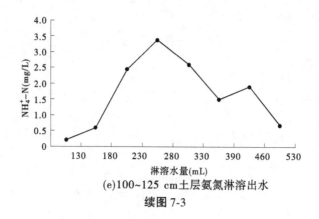

(e)100~125 cm土层氨氮淋溶出水

续图 7-3

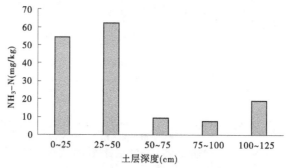

图 7-4　不同深度土层氨氮含量分布

试验结果表明,不同深度的土层,氨氮淋溶出水变化趋势差别较大。

图 7-3 中(a)、(b)0~25 cm 和 25~50 cm 深度的土壤,第一次淋溶水中氨氮浓度较高,随着淋溶水量的增加,逐渐减小到地表水Ⅲ类和Ⅳ类水的标准,但难以继续下降,这种趋势与该深度土层中氨氮含量较高有关联,淋溶水中氨氮主要来自土壤中初始氨氮。另外,两层土壤的 pH 分别为 4.75 和 5.40,较低的 pH 下,氨氮以 $NH_4^+$ 形态吸附于电负性的土壤表层,加入的中性的淋溶液后,铵离子部分转变为氨分子,与土壤颗粒的静电吸附减弱,解吸下来,导致淋溶水中较快地出现较多的氨氮。在土壤 pH 高于 6 以后,这种影响减弱,图 7-3 中(c)、(d)、(e)中均不再出现这种第一次淋溶大量氨氮淋出的情况。

75~100 cm 及以下的土层,淋溶水中氨氮浓度均逐渐增加,达到峰值后,开始逐渐下降。该趋势表明,由于土层中起始氨氮浓度较低(见图 7-4),且 pH 均高于 6.61,投加淋溶水对氨氮形态的影响减弱。淋出液中的氨氮,随着淋溶水量的增加,土壤中投加的氨氮逐渐解吸并向下扩散,随淋溶水淋出。

图 7-4 表明,100~125 cm 土层中氨氮浓度略有升高,这与采样点地下水位较高有关系。采取土样时发现,该土层含水率接近饱和,有水渗出。而地下水检测结果显示,该土壤下地下水中氨氮浓度为 3.11 mg/L,不但劣于地下水Ⅴ类水 0.5 mg/L 的标准,也劣于地表水Ⅴ类水 2.0 mg/L 的标准,已经失去基本的水体功能,进一步证明,种植业中的氮肥已经严重破坏了水体环境功能。

另外,相同淋溶水量下,淋溶出水中氨氮浓度,随着土层深度逐渐减小的趋势,与土壤中有机质含量随着深度增加而降低有关系。氨氮为阳离子,而大部分有机质为阴离子,氨氮在土壤中的吸附,主要通过静电吸附进行。同时土壤中有机质含量的增加,有利于增大土壤微粒的团聚性和比表面积,这些因素均有利于增大土壤对氨氮的吸附作用,导致土壤中氨氮初始浓度较高,解吸缓慢。因此,通过生态种植技术,增大土壤中有机质的含量,同时降低土壤中氨氮的施入,用有机质中有机氮的缓慢释放,作为作物的氮源,有利于降低种植业对水体的氨氮污染。

　　2. 天水湖闲置农田

　　与水投集团试验田相同,依次对五层不同深度的土壤进行淋溶试验,结果如图 7-5、图 7-6。

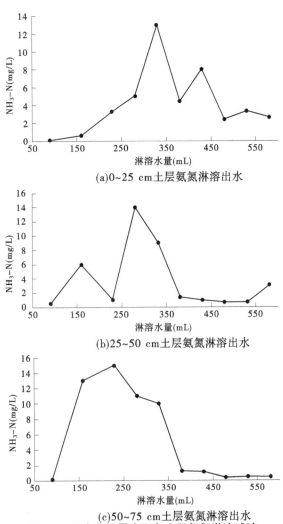

(a)0~25 cm土层氨氮淋溶出水

(b)25~50 cm土层氨氮淋溶出水

(c)50~75 cm土层氨氮淋溶出水

图 7-5　天水湖闲置农田各土层氨氮淋溶试验

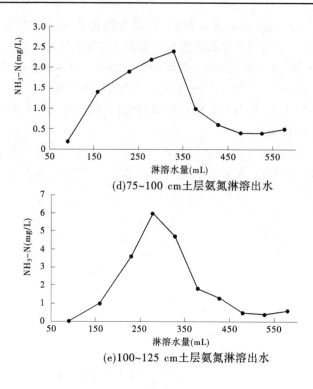

(d)75~100 cm土层氨氮淋溶出水

(e)100~125 cm土层氨氮淋溶出水

续图 7-5

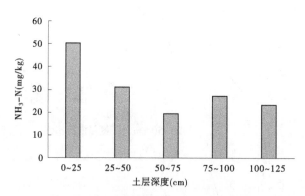

图 7-6  天水湖闲置农田各土层氨氮浓度

试验结果表明,不同深度的土层,氨氮淋溶出水变化趋势差别不大。与水投集团试验田明显的区别在于,该系列土层中,0~25 cm 的耕作层的土壤 pH 为 5.69,向下逐渐升高到 7.60。水投集团试验田和天水湖闲置农田的对比结果表明,土壤的 pH 较大地影响氨氮存在的形态,对淋溶出水初始浓度影响较大。

图 7-5 中(a)、(b)0~25cm 和 25~50cm 深度的土壤,淋溶水中氨氮浓度峰值较高,且随着淋溶水量的增加,在淋溶水量达到 580 mL,相当于 151 mm 的降雨量,仅减小到 2 mg/L,依然劣于地表水 V 类水质标准。

图 7-5 中(c)、(d)、(e)即 50 cm 及以下的土层,淋溶水中氨氮浓度均逐渐增加,达到

峰值后,开始逐渐下降,在淋溶水量 580 mL 时,淋溶水中氨氮浓度达到 0.5 mg/L 左右,接近地下水Ⅳ类水质标准或地表水Ⅱ类水质标准。尚能发挥一定的水体环境功能。说明土地闲置对氨氮污染水体的影响有所改善。但对地下水和湖水取样分析,氨氮浓度分别为 3.11 mg/L 和 4.27 mg/L 均劣于地表水Ⅴ类水质标准。劣于地下水Ⅴ类水氨氮浓度高于 0.5 mg/L 的要求。

### 7.2.3.2 硝态氮淋溶试验

按照施肥量,将肥料溶解在水中,配制水溶液,一次性投加硝态氮的量为 0.2 mg。

1. 水投试验田

水投集团试验田淋溶试验结果如图 7-7 所示,不同土层硝态氮含量对比如图 7-8 所示。

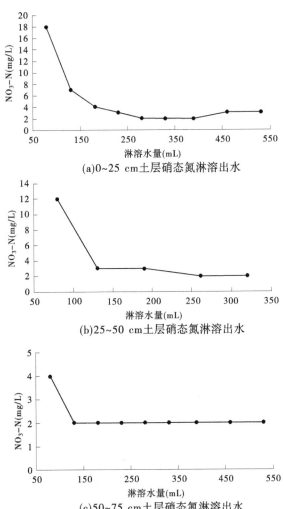

(a)0~25 cm土层硝态氮淋溶出水

(b)25~50 cm土层硝态氮淋溶出水

(c)50~75 cm土层硝态氮淋溶出水

图 7-7   水投集团试验田不同土层的硝态氮淋溶试验

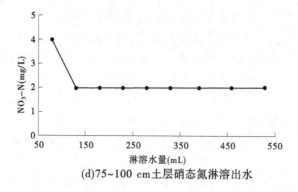

(d)75~100 cm土层硝态氮淋溶出水

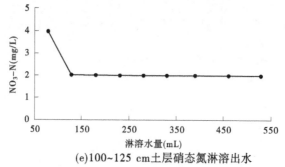

(e)100~125 cm土层硝态氮淋溶出水

续图 7-7

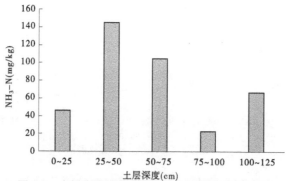

图 7-8　水投集团试验田不同土层硝态氮含量对比

　　试验结果表明,虽然投加肥料配水中硝态氮总共仅 0.2 mg,但淋溶水中硝态氮含量相当高。且随淋溶水量的增加逐渐减少的趋势相同。说明各层土壤的淋溶水中硝态氮均来自土壤。且根据肥料成分分析,说明硝态氮主要来自肥料中其他氮形态的转化。该土壤下水样硝态氮检测结果为 27.95 mg/L,表明微生物或其他化学过程,是化肥施肥种植模式中硝态氮的主要来源,且对水体的污染,已经远远劣于地表水及地下水 V 类水(分别为总氮 2.0 mg/L 和 30 mg/L)的水质标准。

　　但淋溶水中硝态氮,经两次投加淋溶水,即降雨量达到 41.7 mm(淋溶水为 140 mL),土壤中的硝态氮即达到稳定。硝态氮为阴离子,与土壤的电负性相同,导致其难以在土壤颗粒表面吸附,易于从土壤中淋溶至地下水,因此土壤中氮的硝化,对于水体中氮污染是非常不利的因素。

2. 天水湖闲置农田

投加方式与水投集团试验田相同,结果如图 7-9 所示,不同土层硝态氮含量如图 7-10 所示。

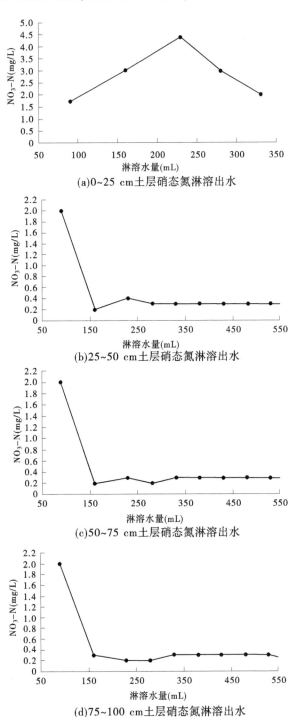

(a)0~25 cm土层硝态氮淋溶出水

(b)25~50 cm土层硝态氮淋溶出水

(c)50~75 cm土层硝态氮淋溶出水

(d)75~100 cm土层硝态氮淋溶出水

图 7-9　天水湖闲置农田不同土层的硝态氮淋溶试验

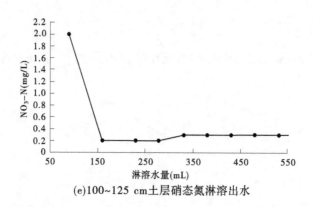

(e)100~125 cm土层硝态氮淋溶出水

续图 7-9

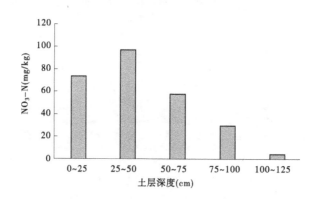

图 7-10 天水湖闲置农田不同土层硝态氮含量

图 7-9 表明,天水湖闲置农田中硝态氮含量趋势与水投集团试验田相似,但含量略低于水投集团试验田。除图 7-9(a)外,其他 4 组土层中硝态氮,均随着淋溶水快速淋出,相当于降雨量为 41.7 mm 时,淋溶水浓度即降低至 0.3 mg/L,优于地下水Ⅰ类水水质标准中硝态氮不高于 2.0 mg/L 的标准。说明天水湖闲置农田的土壤对硝态氮的吸附能力比水投集团试验田的土壤颗粒更弱一些,应当与颗粒的成分、结构、pH 有关,有待进一步研究。但湖水中浓度已达 27.95 mg/L,处于地下水Ⅲ类水和Ⅳ类水水质标准之间。

### 7.2.3.3 亚硝态氮淋溶试验

肥料中亚硝态氮含量极低,施肥量饱和溶解后,投加的肥料水溶液中共含 0.012 mg。因此,淋溶液中亚硝态氮主要来源于土壤本身。

1. 水投集团试验田

水投集团试验田试验结果如图 7-11 和图 7-12 所示。

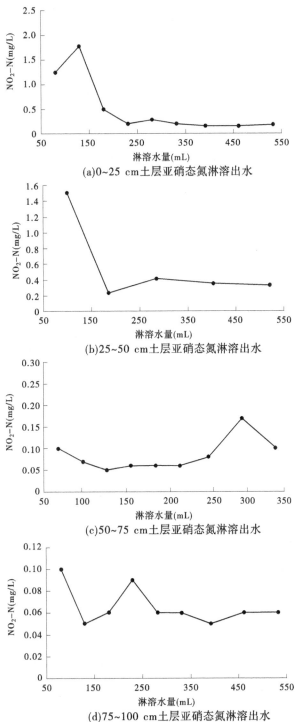

(a)0~25 cm土层亚硝态氮淋溶出水

(b)25~50 cm土层亚硝态氮淋溶出水

(c)50~75 cm土层亚硝态氮淋溶出水

(d)75~100 cm土层亚硝态氮淋溶出水

图 7-11　水投集团试验田不同土层亚硝态氮淋溶试验

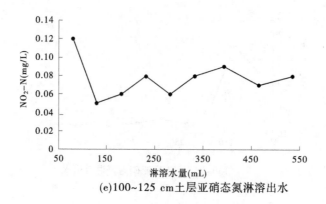

(e)100~125 cm土层亚硝态氮淋溶出水

续图 7-11

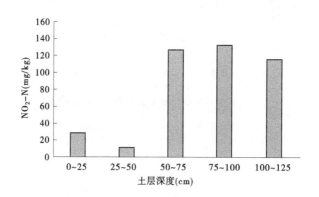

图 7-12　水投集团试验田不同土层亚硝态氮含量

试验结果表明,水投集团试验田中亚硝态氮含量较高,但在淋溶水的淋溶作用下,较快地达到稳定。0~25 cm 土层,需要 230 mL 淋溶水,折合降雨量为 59.9 mm 时;25~50 cm 土层需要 33.8 mm 降雨量,达到相对稳定的 0.3 mg/L;其他 3 层土壤,均在 20.8 mm 降雨量时,淋溶水中亚硝态氮即降低至 0.1 mg/L,在降雨量达到 33.8 mm 之后,开始在 0.05 mg/L 的浓度上下波动。与地下水标准相对照,0~25 cm 和 25~50 cm 的土壤,经淋溶后,出水劣于Ⅴ类水亚硝酸盐浓度大于 0.1 mg/L 的水质标准。下面 3 层土壤中亚硝态氮淋溶出水浓度满足Ⅳ类水中要求亚硝态氮浓度低于 0.1 mg/L 的水质标准。

农田土壤中亚硝态氮主要来源于其他形态氮的转化,由于其电负性,土壤对其吸附能力较弱,易于解吸淋溶出来,但对水体已经造成巨大影响。调蓄湖为水投集团试验田地下水蓄水,经检测,亚硝态氮已经达到 14.75 mg/L,对生态已经造成较大的威胁。

2. 天水湖闲置农田

亚硝酸氮的投加方式与水投集团试验田相同,试验结果如图 7-13 和图 7-14 所示。

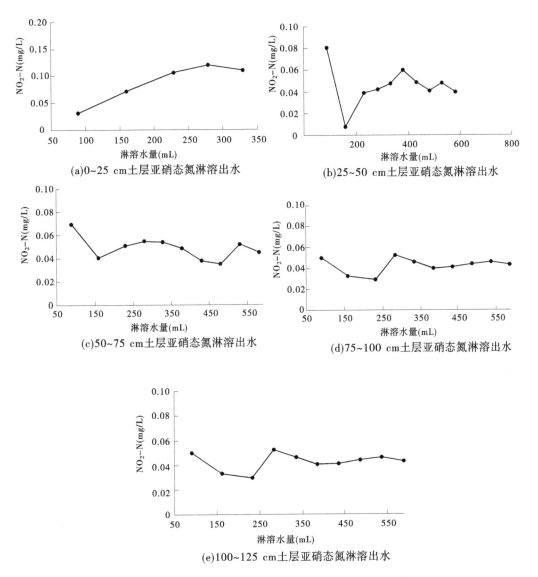

图 7-13 天水湖闲置农田不同土层亚硝态氮淋溶试验

由图 7-13 可见,各土层深度的亚硝态氮区别比较明显,但淋溶水量对出水浓度的影响不明显。耕作层 0~25 cm 土层中,淋溶出水亚硝态氮浓度在 0.1 mg/L 上下波动,25~50 cm 和 50~75 cm 土层淋溶出水低于 0.08 mg/L,75~100 cm 和 100~125 cm 土层出水低于 0.06 mg/L。淋溶过程对出水中亚硝态氮的影响不明显,说明在降雨量为 150 mm 内,对土壤中亚硝态氮的溶出影响不大。

由图 7-14 可见,土壤中的亚硝态氮,随着土层的深度,明显增大。由于氮肥中直接携带的亚硝酸盐极少,亚硝态氮主要来源于氨氮在好氧条件下,经亚硝化菌作用转化而成。当供氧充足时,亚硝酸氮迅速被硝化菌转化为硝酸盐,该过程为稳态反应,作为中间产物的亚硝酸盐并不积累。因此,0~50 cm 深度的土层中,浓度较低,且由于每转化 1 mol 的

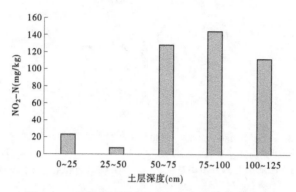

图 7-14　天水湖闲置农田不同土层亚硝态氮含量

氨,会产生 2 mol 的氢离子,因此 0~25 cm 的低 pH 也对硝化过程产生抑制作用的影响,综合影响下,25~50 cm 的硝化过程更彻底,导致亚硝酸氮含量更低。更深处的土层,含氧量较低,导致亚硝酸盐的积累。

　　结合图 7-13 和图 7-14,表明淋溶出水中亚硝态氮影响因素比较复杂,并不仅仅受土壤中亚硝酸盐含量的影响,有待进一步研究。

　　虽然在试验条件下,150 mm 的降雨,对亚酸盐的淋溶出水浓度变化影响不大,但出水浓度也均超过地下水 Ⅲ 类水,尤其耕作层淋溶出水,已经为 Ⅴ 类水。检测发现,天水湖闲置农田地下水亚硝态氮含量为 6.60 mg/L,湖水为 27.17 mg/L,均远远超过地下水水质安全标准。亚硝态氮的治理刻不容缓。

## 7.2.4　耕地土壤氮环境容量试验

　　试验方法如 7.1.2 节所描述。分别对水投集团试验田和天水湖闲置农田土壤进行环境容量试验。

### 7.2.4.1　氨氮环境容量

　　水投集团试验田和天水湖闲置农田每层土壤淋溶出水中氨氮浓度检测结果如图 7-15 和图 7-16 所示。

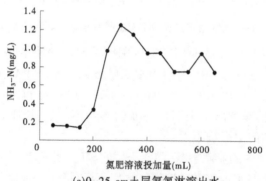

(a)0~25 cm土层氨氮淋溶出水
图 7-15　水投集团试验田每层土壤环境容量试验

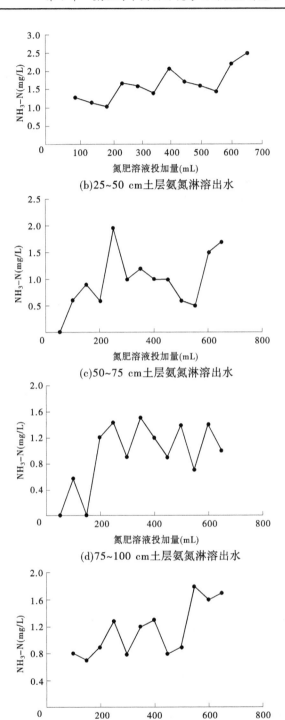

(b)25~50 cm土层氨氮淋溶出水

(c)50~75 cm土层氨氮淋溶出水

(d)75~100 cm土层氨氮淋溶出水

(e)100~125 cm土层氨氮淋溶出水

续图 7-15

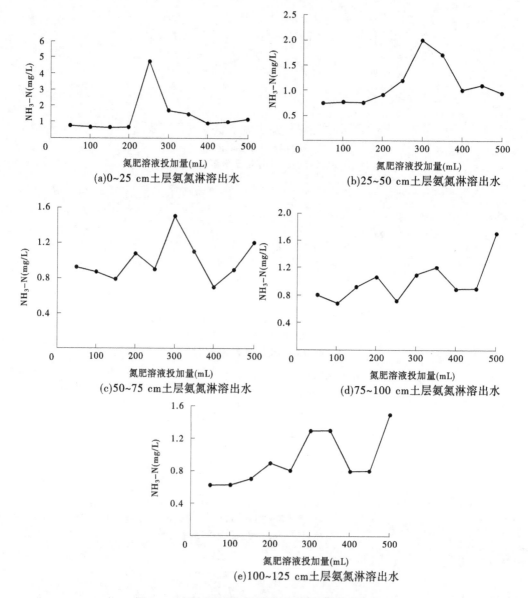

图 7-16　天水湖闲置农田各土层氨氮环境容量试验

图 7-15 和图 7-16 的试验结果表明,在连续投加常规氮肥的情况下,第 2 次施肥后,大部分出水开始劣于 I 类地表水,第 4 次施肥后,大部分劣于 IV 地表水。即使不同土层,也呈现了一个普遍规律,即经过前两次施肥后,淋出水中氨氮迅速升高,原因为土壤的 ζ 电位均为负值,对阳离子的铵离子具有一定的离子交换吸附能力,一旦超过吸附能力,淋溶出水中氨氮迅速升高。

但此试验结果为实验室模拟试验,实际施肥后,在土壤中微生物的作用下,有机氮逐渐分解为氨氮,在作物吸收的同时,部分逸入大气污染环境,部分经扩散渗透或随着降雨、灌溉,在土壤吸附饱和后,进入地下水。因此,虽然本试验中经连续多次投加氮肥,淋出水中氨氮均未超过 2 mg/L,但对两农田地下水取样分析,氨氮浓度均高于 3 mg/L,均劣于地表水 V 类水质标准、劣于地下水 V 类水氨氮浓度高于 0.5 mg/L 的要求。结果表明,现有的农田土壤中氨氮,虽然施入的为有机氮尿素为主,但经过化学、物化和生物过程,易于分解为氨氮形态,其土层中氨氮浓度均已超过环境容量,造成地下水中氨氮超标。

### 7.2.4.2　硝态氮环境容量试验

水投集团试验田和天水湖闲置农田土壤硝态氮环境容量试验结果如图 7-17 和图 7-18 所示。

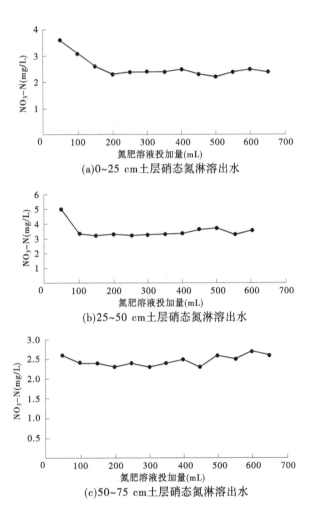

(a)0~25 cm土层硝态氮淋溶出水

(b)25~50 cm土层硝态氮淋溶出水

(c)50~75 cm土层硝态氮淋溶出水

**图 7-17　水投集团试验田不同土层的硝态氮环境容量试验**

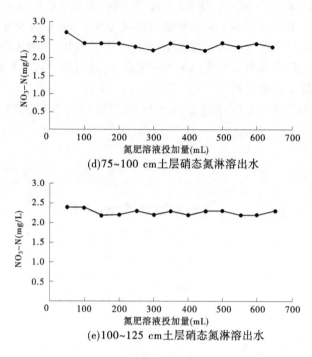

续图 7-17

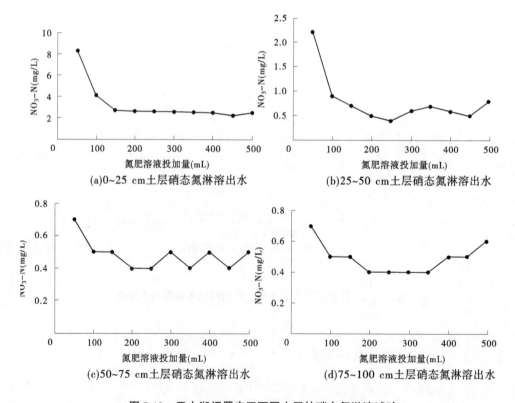

图 7-18　天水湖闲置农田不同土层的硝态氮淋溶试验

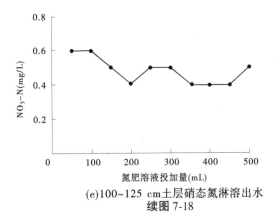

(e)100~125 cm土层硝态氮淋溶出水

续图 7-18

图 7-17 和图 7-18 试验结果表明,水投集团试验田和天水湖闲置农田中硝态氮的淋溶出水中浓度变化趋势相似,0~25 cm、25~50 cm 土层中硝态氮随出水量迅速降低然后趋于稳定,50 cm 以下土层中硝态氮出水浓度均较为稳定,与施肥关系不大。结合图 7-7 和图 7-9 各土层中硝态氮含量分析可见,由于施肥中硝态氮含量很低,出水中硝态氮的浓度与施肥关系不大,主要依赖于原土层中硝态氮的含量。原因为浅层土壤中含氧量充足,氮肥转化为氨氮后,在硝化菌的作用下,主要以硝态氮存在。而实验室模拟试验中,尿素转化为硝态氮或亚硝态氮的微生物量和时间均不足,施肥主要保持为尿素形态,对土壤中的硝态氮作用不大。

但采样分析水投集团试验田和天水湖闲置农田地下水硝态氮检测结果为大于 25 mg/L,而地表水 V 类水要求总氮不高于 2.0 mg/L,地下水 Ⅲ 类水要求硝态氮低于 20 mg/L。表明微生物或其他化学过程,是化肥施肥种植模式中硝态氮的主要来源,且对水体的污染,已经远远劣于地表水及地下水Ⅲ类水(分别为总氮 2.0 mg/L 和 30 mg/L)的水质标准。结果表明,化肥施肥量转化为硝态氮具有较强的滞后性,不能简单地判断土壤中硝态氮的环境容量。

另外,硝态氮为阴离子,与土壤的电负性相同,导致其难以在土壤颗粒表面吸附,易于从土壤中淋溶至地下水,因此土壤中氮的硝化对于水体中氮污染是非常不利的因素。

### 7.2.4.3 亚硝态氮环境容量试验

水投集团试验田和天水湖闲置农田土壤亚硝态氮环境容量试验结果如图 7-19 和 7-20 所示。

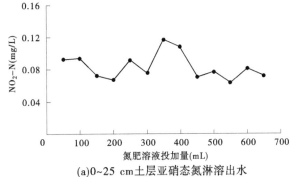

(a)0~25 cm土层亚硝态氮淋溶出水

图 7-19　水投集团试验田不同土层亚硝态氮环境容量试验

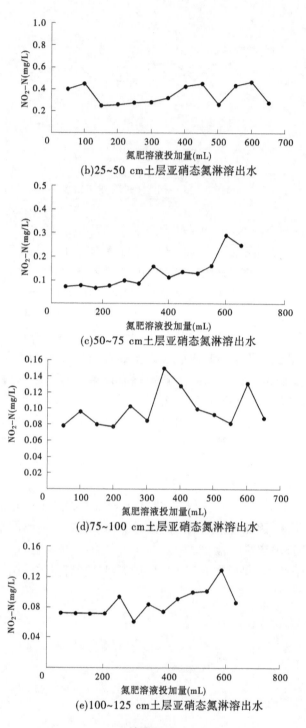

(b)25~50 cm土层亚硝态氮淋溶出水

(c)50~75 cm土层亚硝态氮淋溶出水

(d)75~100 cm土层亚硝态氮淋溶出水

(e)100~125 cm土层亚硝态氮淋溶出水

续图 7-19

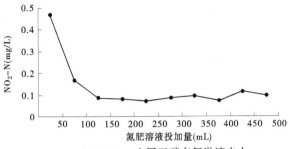

(a)0~25 m土层亚硝态氮淋溶出水

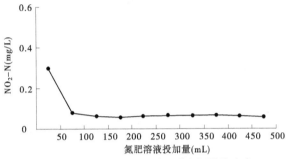

(b)25~50 m土层亚硝态氮淋溶出水

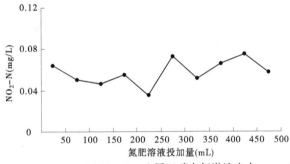

(c)50~75 m土层亚硝态氮淋溶出水

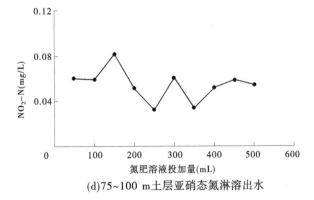

(d)75~100 m土层亚硝态氮淋溶出水

图 7-20　天水湖闲置农田不同土层亚硝态氮环境容量试验

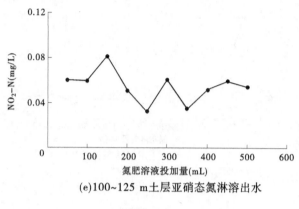

(e)100~125 m土层亚硝态氮淋溶出水

续图 7-20

图 7-19 和图 7-20 的试验结果表明,氮肥溶液浓度为 0.01 mg/L,但每层土壤中亚硝态氮的淋溶出水,均远远高于 0.01 mg/L,表明淋溶水中亚硝态氮主要来自农田土壤本身。这与图 7-12 和图 7-14 相一致。图 7-12 和图 7-14 表明,土壤中不同深度的土层中,亚硝态氮浓度明显不同,50 cm 以内土层中,亚硝态氮低于 30 mg/kg,50 cm 以下土层中,亚硝态氮含量高于 110 mg/kg,这与土壤层含氧量一致。土壤越浅,含氧量越高,硝化菌越活跃,亚硝酸氮成为中间产物,浓度不易积累。而深层土壤中含氧量降低,硝化菌活跃度亦降低,导致氨氮在亚硝酸菌作用下氧化为亚硝酸盐,进一步氧化为硝酸盐的过程受抑制,导致土壤中亚硝酸氮发生积累。该分析结果与图 7-8 和图 7-10 各土层中硝态氮含量分析结果是匹配的。

各土层淋溶出水中亚硝态氮变化不明显,但淋溶出水中浓度均接近 0.08 mg/L 左右,仅满足地下水Ⅳ类水标准。但采样分析水投集团试验田和天水湖闲置农田地下水硝态氮检测结果分别为 14.75 mg/L 和 6.60mg/L,远远超过地下水亚硝态氮浓度小于 0.1 mg/L 的要求。

结果表明,微生物或其他化学过程,是化肥施肥种植模式中亚硝态氮的主要来源,且对水体的污染,已经远远劣于地下水的安全要求。且化肥施肥转化为硝态氮具有较强的滞后性,不能简单地依据氮肥中亚硝态氮含量判断土壤中亚硝态氮的环境容量。

# 7.3　氮迁移转化模型模拟

氮迁移转化模型模拟主要是利用 HYDRUS-1D 软件,将土壤水分运移模型和溶质运移模型相耦合,模拟研究"三氮"的迁移转化构成,对于理解各过程间的相互作用有很大帮助。

## 7.3.1　模型简介

HYDRUS-1D 是求解一维非饱和溶质垂向运移控制方程,模拟该类一维问题最简单、最高效的工具,在模拟土壤水、盐、污染物和养分运移的方面得到广泛应用。

HYDRUS-1D 的模块包括水流运动、溶质运移、热运移、植物根系吸水和植物生长等,模型中考虑了水分运动、热运动、溶质运动及作物的根系吸收作用。在恒定、非恒定边界条件中,可以模拟水分的运移。化学物质及有机污染物的迁移与转化过程,在水文地质、土壤学、环境科学等领域有着较广泛的应用。

## 7.3.2　数学模型

### 7.3.2.1　模型建立的基本假定

根据氮肥在土壤中的运移特性,本次模拟预测运用 HYDRUS-1D 软件中水流及溶质运移两大模块模拟氮肥在土壤中的水分和溶质运移。

模型建立基本假定为:土体处于等温条件;土体是各向均质,同性;土颗粒和孔隙水假定不可压缩;渗流服从达西定律;氮肥扩散只发生在竖直方向。

### 7.3.2.2　水流运动方程

土壤水分运移模型是用来描述水分在土壤中的运移过程的。本文采用经典的 Richards 方程来描述土壤水分运移过程,忽略土壤水平和侧向水流运动,仅考虑一维垂向运移。公式如下:

$$\frac{\partial \theta}{\partial t} = \frac{\partial}{\partial z}\left[K\left(\frac{\partial h}{\partial z} + \cos\alpha\right)\right] - S \tag{7-1}$$

式中:$h$ 为压力水头;$t$ 为时间;$z$ 为地表空间坐标;$S$ 为源汇项;$\theta$ 为土壤含水率(%);$\alpha$ 为水流方向与垂直方向夹角,本书中认为水流一维连续垂向入渗,故 $\alpha = 0$;$K$ 为水力传导率。

初始条件及边界条件分别见式(7-2)和式(7-3)。

$$H = hi, -12 \leqslant z \leqslant 0, t = 0 \tag{7-2}$$

$$\frac{\partial h}{\partial z} = 0, z = -12, t > 0 \tag{7-3}$$

本书采用目前使用最广泛的 Van Genuchten-Mualem 模型来模拟土壤水力特性,且不考虑水流运动的滞后现象,公式如下:

$$\theta(h) = \theta_r + \frac{\theta_s - \theta_r}{\left[1 + |\alpha h|^n\right]^m}, h < 0 \tag{7-4}$$

$$\theta(h) = \theta_s, h \geqslant 0 \tag{7-5}$$

$$K_h = K_s S_e\left[1 - \left(1 - S_e^{\frac{1}{m}}\right)^m\right]^2 \tag{7-6}$$

$$S_e = \frac{\theta - \theta_r}{\theta_s - \theta_r} \tag{7-7}$$

$$m = 1 - \frac{1}{n}, n > 1 \tag{7-8}$$

式中:$\theta(h)$ 为土壤含水率;$h$ 为压力水头;$\theta_s$ 为土壤饱和含水率;$\theta_r$ 为土壤残余含水率;$K_s$ 为饱和水力传导率;$S_e$ 为有效饱和度;$\alpha$ 为进气值的倒数(或冒泡压力);$n$ 为孔隙大小分配指数(孔隙比);$l$ 为孔隙连通性参数,默认值为 0.5。

### 7.3.2.3　垂直一维氮肥迁移数值模型

溶质运移的模型方程选用经典对流-弥散方程(convection dispersion equation,CDE)。由于土壤对溶质的吸收及溶质在土层中发生的物理、化学及生物反应不同,所以不同溶质的 CDE 方程也不同。

氨氮和硝态氮在土层中主要受吸附作用、矿化作用、硝化-反硝化作用的影响,亚硝态氮作为中间产物,转化过程较快,因此本次模拟试验中不考虑亚硝态氮的作用,且在土柱试验中未种植植物,也不考虑植物根系吸收。但由于氨氮带正电荷易被土壤胶体吸附、硝态氮带负电荷难以吸附等,所以两者的 CDE 方程不同。

(1)经典对流-弥散方程主要是描述饱和-非饱和孔隙介质中的一维溶质运移,见式(7-9):

$$\frac{\partial \theta c}{\partial t} + \rho \frac{\partial s}{\partial t} = \frac{\partial}{\partial x}\left(\theta D \frac{\partial c}{\partial x}\right) - \frac{\partial q c}{\partial x} - S \tag{7-9}$$

式中:$c$ 为溶液液相浓度;$s$ 为溶质固相浓度;$D$ 为弥散系数(代表分子扩散及水动力弥散);$q$ 为体积流动通量密度;$S$ 为源汇项(代表溶质发生的各种零级、一级及其他反应)。

(2)土层中硝态氮考虑反硝化作用,运移方程见式(7-10)。

$$\frac{\partial c_1 \theta}{\partial t} = \frac{\partial}{\partial z}\left(\theta D \frac{\partial c_1}{\partial z}\right) - \frac{\partial q c_1}{\partial z} + (k_2 c_2 - k_d c_1)\theta \tag{7-10}$$

式中:$c_1$ 为土壤溶液中硝酸盐氮的浓度;$q$ 为垂向水分通量;$D$ 为综合弥散系数,综合反映土壤水中有效分子扩散和机械弥散机制;$c_2$ 为土壤溶液中氨氮的浓度;$k_d$ 为硝态氮自由水中弥散系数;$k_2$ 为硝化反应速率;$z$ 为空间坐标。

模型的上下边界条件见式(7-11)~式(7-13):

$$c_1 = c_0, \ -12 \leqslant z \leqslant 0, \ t = 0 \tag{7-11}$$

$$\theta D \frac{\partial c}{\partial x} + qc = q_0 c_0(t), z = 0, \ t > 0 \tag{7-12}$$

$$\frac{\partial c_1}{\partial z} = 0, z = -12, \ t > 0 \tag{7-13}$$

(3)土层中氨氮考虑吸附反应、硝化反应,运移方程见式(7-14)。

$$\frac{\partial c_2 \theta}{\partial t} + \rho s \frac{\partial c_2}{\partial t} = \frac{\partial}{\partial z}\left(\theta D \frac{\partial c_2}{\partial z}\right) - \frac{\partial q c_2}{\partial z} + k_2 c_2 \theta \tag{7-14}$$

式中:$c_2$ 为土壤溶液中氨氮的浓度;$s$ 为线性吸附平衡常数,反映土壤颗粒对氮素的吸附量;$k_2$ 为硝化反应速率;$\rho$ 为表示土壤干容重;其余同前。

模型的上下边界条件见式(7-15)~式(7-17):

$$c_2 = c_0, \ -12 \leqslant z \leqslant 0, \ t = 0 \tag{7-15}$$

$$\theta D \frac{\partial c}{\partial x} + qc = q_0 c_0(t), z = 0, \ t > 0 \tag{7-16}$$

$$\frac{\partial c_2}{\partial z} = 0, z = -12, \ t > 0 \tag{7-17}$$

### 7.3.3　HYDRUS-1D 软件运行

HYDRUS-1D 的操作界面如图 7-21 所示,界面主要分为前处理和后处理两部分,模型的构建主要在前处理中进行,在其中输入所需要的参数,前处理主要有模拟选项、剖面信息、时间信息、水流模型、溶质模型可变边界条件,以及土壤剖面参数等内容;后处理部分主要是通过运算之后得到的结果与相关的曲线图,包括水流模型、溶质运移模型、土壤水分特征曲线、运行时间及物质平衡等。

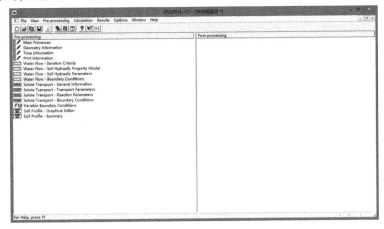

图 7-21 HYDRUS-1D 操作界面

### 7.3.3.1 水流参数设置

水流运动模型的参数可以利用土壤颗粒比例、容重通过 HYDRUS-1D 软件中神经网络预测功能得到,所需参数主要有:$\theta_r$、$\theta_s$、$\alpha$、$n$、$K_s$、$l$(一般取 0.5,为多种土壤的平均值)。根据《平舆县水环境治理和生态修复工程地质勘察报告》可知,水投集团试验田和天水湖闲置农田的土质均为粉质壤土,所以选其中一个土层进行数值模拟,土壤颗粒的容重及机械组成见表 7-1。

表 7-1 土壤颗粒的容重及机械组成

| 土壤类型 | 容重(g/cm³) | 砂粒(%) | 粉粒(%) | 黏粒(%) |
|---|---|---|---|---|
| 粉质壤土 | 1.57 | 0 | 75 | 25 |

在水流运动的参数界面中,输入上述数据,得到水分特征曲线的水力学参数,结果如表 7-2 所示。

表 7-2 土壤水力参数

| 土壤类型 | 残余含水率 | 饱和含水率 | 经验参数 $\alpha$ | 曲线形状参数 $n$ | 渗透系数 $K_s$ | 经验参数 $l$ |
|---|---|---|---|---|---|---|
| 粉质壤土 | 0.077 5 | 0.422 8 | 0.007 | 1.544 7 | 4.39 | 0.5 |

实验室土柱淋溶试验模拟的是土层定时淋溶情况,所以水流模型上边界选用有表面积水的大气边界条件(atmospheric BC with surface layer),下边界选择自由排水边界条件(free drainage)。

### 7.3.3.2 溶质参数设置

HYDRUS-1D 软件中溶质运移参数有土壤特征常数和溶质特征常数。土壤特征常数主要有土壤容重和纵向弥散度,纵向弥散度为淋溶柱长度的十分之一;溶质特征常数:氨氮考虑吸附作用、硝化作用,硝态氮考虑反硝化作用。硝化作用反应参数及反硝化作用反应参数可参考相关文献中的数据。模型中相关参数见表7-3。

表 7-3　模型中相关溶质运移转化参数

| 氮素种类 | 弥散系数 | 自由水中扩散系数 | 吸附系数 $K_d$ | 在液相中的反应速率常数 | 在吸附相中反应速率常数 |
|---|---|---|---|---|---|
| 氨氮 | 1.2 | 3.5 | 3.5 | 0.03 | 0.02 |
| 硝态氮 | 1.2 | 3.5 | 3.5 | 0.01 | 0.3 |

溶质运移模型的上边界,选择溶质通量边界(Concentration flux boundary condition),下边界选择浓度零梯度边界条件(zero gradient)。

### 7.3.3.3　模型运行结果及分析

将模型中的各种参数输入 HYDRUS-1D 模型中运行,得到包气带中水流运动及氮元素的迁移情况。

将氮迁移所需参数输入模型中运行后,得到硝酸盐氮及氨氮的迁移曲线(见图 7-22~图 7-25),与天水湖试验田及水投集团试验田试验中的试测值进行比较。

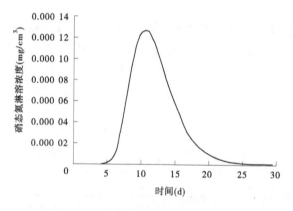

图 7-22　HYDRUS 模拟硝态氮出水浓度

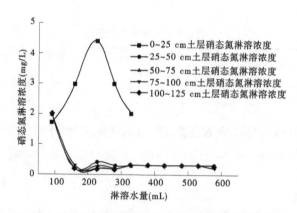

图 7-23　天水湖闲置农田硝态氮浓度横向变化趋势

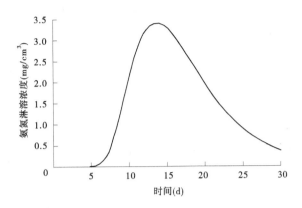

图 7-24　HYDRUS 模拟氨氮出水浓度

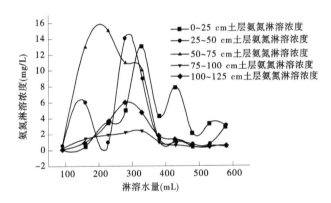

图 7-25　天水湖闲置农田氨氮浓度横向变化趋势

从图 7-22 中可以看出,软件模拟硝态氮出水浓度从第 4 天左右开始有上升的趋势,但是由于农田施入氮肥中硝酸氮浓度含量很低,所以对出水浓度影响较弱。与图 7-23 中天水湖闲置农田硝态氮浓度变化趋势进行对比,模拟图中硝态氮浓度变化趋势与实测值中在淋溶水量超过 180 mL 之后变化趋势趋于一致,进一步验证了淋溶试验初始阶段各层土壤的淋溶水中硝态氮浓度过高,是由于该阶段淋溶出水中硝态氮来自土壤。其中,只有 0~25 cm 土层中硝态氮变化规律与其他土层不同,根据 HYDRUS 模拟氮元素迁移规律推测,氮元素在表层土壤中堆积,浓度较大,因此表层土壤淋溶出水可能受土壤中硝态氮含量影响较大。

图 7-24 和图 7-25 进行比较,图 7-24 中 HYDRUS 模拟氨氮出水与天水湖闲置农田 75~100 cm 土层及 100~125 cm 土层实测淋溶出水中氨氮浓度变化趋势较一致,由于天水湖农田自上而下土层 pH 变化较大,而氨氮受土壤酸碱性影响较大,在土壤深度大于 75 cm 以上的土层中,土壤 pH 较高,且土层中含有铵根离子较少,因此模拟曲线和实测曲线呈现出一致的变化趋势。在降雨量和淋溶水量达到一定量时,氨氮从表层土向下迁移至最下层土的边界,随着淋溶水量的增加和时间的推移,氨氮浓度逐渐增大,达到峰值后,由于铵根离子的不断淋出,土壤中残余含量越来越少,淋溶液中氨氮浓度逐渐下降,这与付

海燕的氨氮模拟趋势一致。而在深度小于 75 cm 的土层中,由于土层 pH 偏低,且表层土壤中本身积累有较高含量的氨氮,因此在加入淋溶水后,氨氮浓度变化较下层土壤迅速,且幅度较下层土壤大。

　　研究表明,氮素在土壤中迁移转化影响因素主要有土壤温度、pH、透气性及离子交换能力等,但本研究的氮素数值模拟没有考虑这些因素的影响,所以硝态氮和氨氮浓度的模拟值与实测值之间会有一定的差异。但是从图 7-22~图 7-25 中硝态氮以及氨氮模拟预测曲线和实测曲线进行比较,可以看出,两者的出水浓度在上层土壤中虽然有一定差距,但曲线变化趋势比较一致,表明此模型可以用来预测氨氮和硝态氮在施入农田后在土壤中的运移规律。HYDRUS 模拟硝态氮和氨氮纵向运移规律如图 7-26、图 7-27 所示。

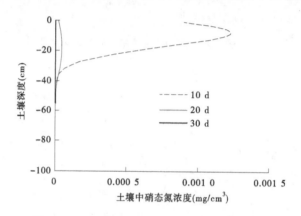

图 7-26　HYDRUS 模拟硝态氮纵向运移规律

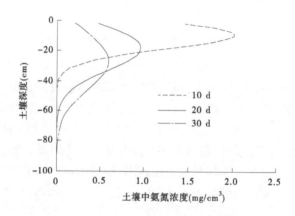

图 7-27　HYDRUS 模拟氨氮纵向运移规律

　　若假设硝态氮和氨氮的运移不受土柱长度的限制,由图 7-26 和图 7-27 可以看出,硝态氮和氨氮在模拟条件下,向下迁移情况有所不同,主要表现在:

　　氨氮迁移到土层深度 90 cm 左右,且在土层 30 cm 处出现了累积峰值点,峰值浓度约为 0.65 mg/L,且浓度随着土层深度急剧减少。在同样的时间内,硝态氮迁移到土层深度 40 cm 左右,由模拟图可以看出,同样在经过 1/3 时间段内,在浅层土壤出现浓度累积峰值,由于施的氮肥中含有硝态氮浓度过低,硝态氮在经过 2/3 时间段内,基本已经经过反硝化作用含量迅速减小为 0。

　　为排除硝态氮是因为浓度过小,从而影响硝态氮与氨氮运移规律结果对比,在与氨氮同等浓度条件下,对硝态氮运移规律进行再次模拟,模拟结果如图 7-28 所示。高浓度硝态氮与低浓度硝态氮运移规律保持一致,且浓度在土壤中迅速降低。

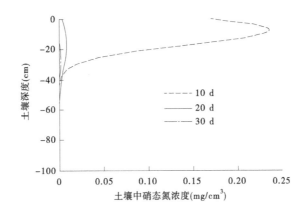

**图 7-28　氨氮相同浓度条件下模拟硝态氮纵向运移规律**

　　综上所述:

　　(1)氨氮浓度随土层深度下降速度较硝态氮慢,更容易被淋滤到浅层潜水面。推测是因为土壤的厌氧环境使反硝化过程作用较强烈,硝化作用相对缓慢,因此硝态氮在包气带中浓度较氨氮更为迅速地降低。

　　(2)根据模拟图可以看出,硝态氮和氨氮在上部土壤中均出现累积现象,推测为土壤颗粒的吸附行为较强烈,产生此规律。

　　(3)农药化肥中硝态氮较低,经试验及软件模拟,对土壤的影响均较为微弱,但是经检测,地下水及土壤中原始硝态氮含量却较高,主要是由于土壤中有机氮经过土壤中的物理、化学、生物作用转化为亚硝态氮和硝态氮,而不是氮肥的直接形态造成的。同时地下水取样点位于具有自由表面的潜水含水层,而潜水含水层硝化作用强烈,土壤中氨氮由于硝化作用转化为硝态氮,因此污染严重。

# 7.4　水体中氮磷污染防治措施

　　在对研究区域地下水的调查中,发现该地区的“三氮”及总磷均已超标。各类氮素和磷在土壤中吸附量降低,并向深层土体移动,最终通过地表径流和淋失等方式进入地表水中,增大水体富营养化的风险。随着国内外对农业面源污染的研究,地下水和地表水中氮磷污染的防治和修复技术,在实践应用中取得了一定的效果。在研究范围内,根据实际情况,提出以下生物修复措施和农业预防措施。

## 7.4.1　地下水的氮磷污染修复技术

　　地下水中氮元素的污染的修复技术包括物理、化学和生物法。由于物理、化学法局限性和副作用较大,推荐使用生物修复技术针对地下水氮污染,既节约成本、避免二次污染,又更容易结合其他污染物修复技术进行处理。

原位修复地下水的硝酸盐是通过添加微生物、营养物质等方法,在厌氧环境下刺激反硝化微生物的生长,利用硝酸盐作为电子受体,产生 $N_2$ 的过程。这种方法可将对污染地下水周边的环境破坏降至最低,因此具有很大的很强的发展潜力。原位修复技术相对异位修复,可节约大量的成本。

原位生物修复技术主要利用微生物的反硝化作用,将地下水中的 $NO_3^-$ 和 $NO_2^-$ 替代做电子受体,将硝酸盐在缺氧条件下还原为氮气和气态氮化物。根据微生物的碳源利用情况,将生物修复分为自养反硝化修复技术和异养反硝化技术。由于异养反硝化细菌反硝化能力高,可将多种碳源作为电子供体,应用较广泛。

浅层地下水在不改变水体自然流动的情况下,可利用渗透反应墙技术修复硝酸盐污染。该技术是在与水流垂直的污染含水层充填混合介质,形成一定深度和厚度的多孔墙,如图 7-29 所示。当受污染水体通过反渗透墙时,反硝化细菌利用有机碳作为电子供体,将 $NO_3^-$ 和 $NO_2^-$ 还原为 $N_2$。在墙体中加入乙醇、固态有机物(秸秆、棉花、锯末等)等碳源可为反硝化微生物提供能量,保证去除效果。

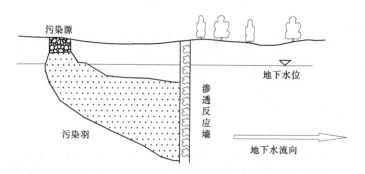

**图 7-29　渗透反应墙技术——地下水硝酸盐、亚硝酸盐的去除**

当前提上游硝酸盐浓度为 $21 \sim 39 \ \text{g/m}^3$ 时,下游污染去除率在 50% 以上,最高可达100%,渗透反应技术对地下水中的 $NO_3^-$ 和 $NO_2^-$ 有明显的去除作用,且去除过程中几乎没有 $NO_2^-$ 残留。此外,渗透反应墙与电动修复技术结合,可拦截地下水和污染土壤中的重金属物质。

较深层的地下水可利用注射井技术(见图 7-30),将维持微生物活性的营养物质以液体形式,通过钻井注入受污染的含水层中,利用微生物代谢去除其中的硝酸盐。在硝酸盐的去除过程中,需要持续加入有机营养物质来保证微生物的反硝化活性,以此提高去除效率,缩短修复时间。

## 7.4.2　地表水氮磷污染的防治和修复

现有的农村非点源污染防治技术根据"4R"控制原理(源头减量、过程阻断、物质再利用和生态修复),在污染的产生、传播、循环和转化 4 个环节,控制自然水体中氮、磷的污染。

源头减量是通过控制各种农业化学产品的施用量、改变农业生产方式,使污染对可能波及的地下水和地表水的影响达到最小。源头减量可从施肥措施、耕作措施与田间管理 2 个方面减少农田水体氮、磷污染。在目前的农业生产中,氮肥利用率过低、施用量过大直接导致了氮肥的表面流失和渗漏流失。因此,施肥措施控制主要从以下 3 方面入手:①平衡营养比例,例如将 $N[N+P_{240}(kg/hm^2)]$ : P:K 控制在3:2:0或 1:1:0来提高肥效,同时提高施肥技术,运用"深施"技术,施入 10 ~ 12 cm 的土壤中;②采用包膜法、非包膜法和综合法等养分控制释放技术是补充营养物质达到供需平衡的界点;③结合多元施肥式和种类,表施和深施结合,穴施

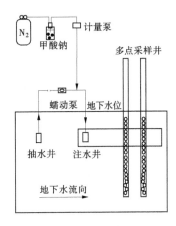

**图 7-30　注射井技术——**
**地下水硝酸盐、亚硝酸盐的去除**

和叶面施肥结合,常规肥与生物肥结合,无机肥与有机肥结合。对于耕作措施和田间管理,减少耕作、大豆轮作都可以减少地表径流与地下径流中氮、磷的流失。避免在降水前施肥、节水灌溉;避免在易污染水体周围布置肥料投入大的旱作作物等方式也可防止可溶性氮、磷污染。

在农业氮、磷污染进入地下水、地表水的过程,利用湿地防止、缓冲带防治等过程阻断技术,对于防治水体的富营养化有明显的作用。在农田与地表水之间建造人工湿地,可将从农田流失的营养物质通过过滤、沉淀等过程保留在湿地中。湿地可以吸收农田流失部分68%的氮、43%的磷。湿地与河岸缓冲带相结合,可以更好地改善水质。

农业非点源污染的防治可利用过程阻断技术,分别在农田内部和外部运用物理、化学、生物及工程方法拦截、阻断污染物,延长污染物在陆域的停留时间,最大程度上减少进入自然水体的污染物量。在农田内拦截技术利用沟渠、生态篱、缓冲带等隔断以水分为载体的氮磷流动。在农田外部,可以利用生态拦截沟渠、前置库技术、生态护岸坡技术阻止污染物入水体。

所研究区域处于平原地带,不符合农林符合系统、生物篱和生态缓冲带中有关坡度的要求,因此农田内部的拦截技术效果不明显。农田中存在小范围的坡度或存在农田径流时,可适当增设小型生态缓冲湿地和缓冲林带,可减缓土壤侵蚀,减少养分流失,通过滞缓径流、沉降泥沙、强化过滤和增加吸附等功能实现对污染物的截留。农田生态缓冲带构造如图 7-31 所示。

生物拦截技术可以高效地拦截、净化污染物,并且兼备生态景观美化的功能。生态拦截沟技术通过在现有的排水沟中增设小型多孔生态过滤箱,利用其中填充的吸附填料、种植植物,将从农田带出的氮、磷物质吸收拦截(见图 7-32),减少表土径流达到去除氮、磷的效果。

为更好地达到阻拦氮、磷进入自然水体中,还可以在生态拦截沟渠的前端增设小型的 $A^2O$ 处理构筑物(包括初沉池、厌氧池、溢流池、二沉池和厌氧流化床)。

对于已收到农业面源污染的地表水体,可在河道中设置丁型潜坝(见图 7-33)拦截氮磷污染物。

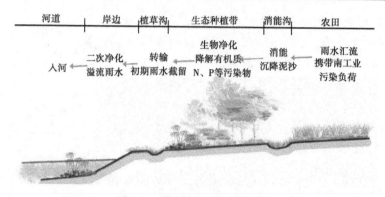

图 7-31　农田生态缓冲带构造

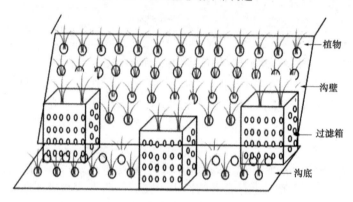

图 7-32　生态拦截沟渠示意图

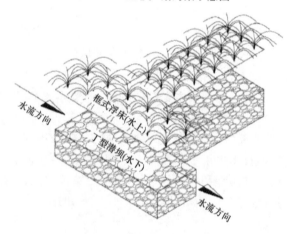

图 7-33　丁型潜坝示意图

　　水流通过生态浮床与沸石基质间的间隙时,丁型潜坝对拦截部分水体的同时,增加水体在河道中停留的时间,强化基质对污染物的吸附、离子交换作用。丁型潜坝和生态浮床扩展出的河底表面积,促进了水域内微生物的生存与繁殖,提高微生物去除污染物的能力。同时,浮床中的水生植物发挥对氮、磷的吸收作用,达到拦截、净化水体的作用。丁型潜坝对 TN 的去除率可达 66%,对 TP 的去除率可达 53%,是一种经济且高效的农业面源污染生态修复技术。

在农田与地表水体之间建造人工湿地,可以有效地减少农田灌溉水和村落污水中氮、磷向水体的排放。这种技术,因处理效果稳定和操作简单等优势,在控制农村面源污染对湖泊水质的污染方面应用广泛。但人工湿地需要大量土地来保证水力停留时间和氮磷去除效果,对场地限制及设计规划要求严格。人工湿地通过一系列物理、化学、生物的沉淀、过滤、吸附、离子交换、植物吸收作用,对氮、磷的去除效果明显,氮的平均去除率为57%,磷的平均去除率为76%。另外,人工湿地中水生植物和微生物种群的引入,同时兼顾环境效益、生态效益和景观功能,对当地的生态环境的改善有不可估量的作用。

由于不同的预防、治理技术都不能完全去除污染物,为进一步改善净化效果,提高氮、磷的去除效率,可根据当地条件,结合不同的处理技术,达到处理效果的最大化。如在农田附近的河流附近设置人工湿地,同时在河道中建设生态拦截坝,配合源头减量,实现多渠道全方位减少氮、磷对水体和土壤的污染。

物质循环利用是氮、磷元素的分级分资源利用的过程,可以利用食物链的物质流动和沼气池的能量循环,充分利用资源,减少污染,增加经济效益。物质循环在第6章中的有机农场模型中已举例说明。

### 7.4.3　可用于农村面源氮磷污染的其他措施

通过借鉴海绵城市的生物滞留池(雨水花园)技术,类比运用至农业面源污染的防控中(见图7-34),不失为一种经济的低影响农业面源污染防治技术。生物滞留池需要结合农田地势结构,在连续土壤的低地或坑洼处、农田与地表水邻近区域设置生物滞留池,其中种植净化能力较强的多年生草本植物(如菖蒲、萱草),植被下铺设植物生长介质层、有机覆盖层,在多层填料下部再铺设渗管,收集因降雨量过大或是作物灌溉而形成的浅层地下径流,防治渗滤水在土壤中的横向和纵向蔓延扩散。

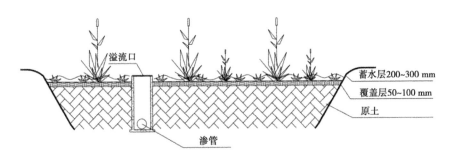

**图7-34　应用于农田的生物滞留池技术构造**

生物滞留池技术对面源污染的调控效果较好,对 TN、TP 的去除率在50%左右。可对经过生物滞留池过滤的农田渗滤水实施监测调控。在设计合理的条件下,可将上一单元净化水作为下一农业单元的灌溉水,为科学灌溉提供新的解决办法的同时,可达到调节水量的作用。

随着对现代农业景观需求的增加,生物滞留池可开发为景观种植业,通过收集雨水、土壤渗滤水保证作物在缺水季节健康生长;采用间作套作的方法,与粮食作物形成优势互补的农作物群体。同时融合景观需求,为农村观光业提供方便。景观种植的农田生物滞留池如图7-35所示。

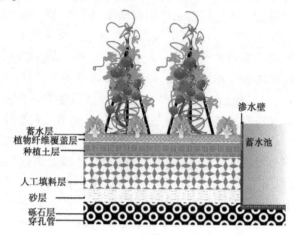

图 7-35　景观种植的农田生物滞留池

目前的生物法修复对农业氮、磷面源污染作用的原理简单,不需大量额外占用耕地,工程投入费用少,易被农民接受,可有效净化农田径流低污染水体污染物,实现生产与环境的双赢。但是,无论采用何种修复净化技术,都不能完全去除所有污染物。因此,在修复的同时,配合源头减量技术、养分回用技术串联,才能最大化地实现农田面源污染。

# 第 8 章 结论与建议

## 8.1 结 论

经过资料收集、实地调研、试验研究,得出如下结论:

(1)典型作物种植农田以芝麻或花生种植为主,为充分利用耕地,间作或轮作小麦或玉米,种植结构单一,导致病虫害严重,严重依赖农药。农田未施用规模化养殖粪便,未施用禁用农药,无工业废水或城镇污水灌溉现象。

(2)调查示范农田土壤中重金属含量,除蓝天芝麻小镇的铅含量略高于《食用农产品产地环境质量评价标准》(HJ/T 332—2006)一级标准外,其他重金属含量均优于一级标准。

(3)在现有检测能力下,耕作层土壤中部分农药残留被检出,但地下水中均未检出。

(4)调查的农田耕作层均存在着土壤酸化板结现象。调查的 3 个正在耕作的示范点,耕作层土壤 pH 在 4.75~5.10,天水湖闲置农田为 5.69。其中,相比农业农村部普查时,蓝天芝麻小镇和西洋店西洋潭村的耕地 pH 分别下降 0.83 和 0.82,下降趋势明显。

(5)耕作层土壤中,有效磷含量均达《全国第二次土壤养分调查等级标准》中 2 级标准,全氮和有机质含量则仅达 4 级标准。表明耕地中缺乏有机质,同时,施用的氮肥流失严重。

(6)磷和氮各形态均已造成地下水污染,均达到地下水评价的中极差级别。尤其致癌物亚硝酸盐含量,超过 Ⅳ 类水 66~271 倍,对水体富营养化和生态安全均造成较大威胁。

(7)试验农田土壤的淋溶出水均已经超过地下水和地表水各形态氮的标准,表明耕地土壤中各形态氮的含量均超出相应环境容量,且是氮肥经物理、化学、物化、生物转化造成的,而不是氮肥直接形态造成的。

(8)通过水投集团试验田和天水湖闲置耕地的检测分析,表明简单的闲置或单一种植技术,对土壤质量和水体改善效果不大,需要采用集成生态农业技术,长期源头阻断种植业污染源。

(9)经过 HYDRUS-1D 模拟可知,氨氮和硝态氮进入土层后,由于土壤的吸附,硝化和反硝化作用迅速减少,在同样时间内,氨氮迁移速度较硝态氮迁移速度快,更容易到达地下水潜水面。

(10)鑫贞德有机农业案例调研结果表明,采用有机种植技术集成模式,可以有效改良土壤,促进作物增产,提高农产品品质,改善生态环境,通过能量流和物质流及科学的管理,实现农业生产和生态环境的可持续性发展。

(11)生物修复技术对地下水和地表水农中氮、磷的去除作用明显,可搭配源头减量技术和养分回用技术,科学、经济地缓解农田氮磷元素的流失。

# 8.2　建　议

(1)研究结果表明,地下水体中磷、各种形态的氮均已达到很差的评价等级,而且通过单一的种植技术的应用,改善效果不明显。为了阻止水体进一步恶化,发展多重技术集成的生态农业非常必要。

(2)现有资料和科研,主要关注氮对地下水的污染,本书中检测到的磷的污染,尚未引起足够的关注,建议后续开展相关的取样调查和磷污染转化机制及迁移规律研究。

(3)本书明确发现亚硝酸盐在地下水中超标严重,但在氮肥中含量很低。后续进一步研究亚硝酸氮的转化机制、迁移规律。作为致癌物的亚硝态氮需要重点关注。

(4)改进检测手段或方式,进一步跟踪农药转化规律和迁移途径,确保地下水体的生态安全。

# 参考文献

[1] 周泽江,宗良纲,杨永岗,等. 中国生态农业和有机农业的理论与实践[M]. 北京:中国环境科学出版社, 2004.

[2] 刘玉萃,周哲身. 生态农业实用模式[M]. 郑州:黄河水利出版社,1995.

[3] 黄国勤. 有机农业:理论、模式与技术[M]. 北京:中国农业出版社,2008.

[4] 杨丽,左广胜. 有机农业法规标准与技术指南[M]. 北京:中国农业出版社,2010.

[5] 冯世南,彭玉荣,等. 沼气生态农业实用技术[M]. 贵阳:贵州科技出版社, 2007.

[6] 郁飞燕,李友军. 轮作对土壤肥力的影响[J]. 科技传播,2011(16):60.

[7] 彭崑生. 实用生态农业技术[M]. 北京:中国农业出版社, 2002.

[8] 蔡晓东. 浅谈生态农业技术的种植结构[J]. 农家致富顾问,2015(24):64-65.

[9] 李文华,闵庆文,张壬午. 生态农业的技术与模式[M]. 北京:化学工业出版社,2005.

[10] 卞有生. 生态农业技术[M]. 北京:中国环境科学出版社,1992.

[11] 杜相革,董民,等. 有机农业导论[M]. 北京:中国农业大学出版社,2006.

[12] 王喜艳. 土壤板结的危害及防治措施[J]. 河南农业,2018(5):19,21.

[13] 林文静,成红. 土壤酸化板结的形成及处理措施[J]. 农业与技术,2018,38(4):41.

[14] 刘滇生. 从化学与生物学的角度看土壤的退化与修复[J]. 民主与科学,2016(6):17-19.

[15] 周碧青,邱龙霞,张黎明,等. 基于灰色关联–结构方程模型的土壤酸化驱动因子研究[J]. 土壤学报,2018(5):1233-1242.

[16] 孙笑梅,闫军营,程道全,等. 河南省耕地土壤酸碱度状况与酸化土壤治理途径[J]. 中国农学通报,2017,33(24):91-94.

[17] 乔玉辉,曹志平,等. 有机农业[M]. 北京:化学工业出版社, 2016.

[18] 梁欣,严进瑞,梁玉红,等. 生态农业实用技术[M]. 北京:中国农业科学技术出版社,2017.

[19] 贾建丽,等. 环境土壤学[M]. 2版. 北京:化学工业出版社, 2017.

[20] 林先贵,等. 土壤微生物研究原理与方法[M]. 北京:高等教育出版社, 2010.

[21] 杜相革,等. 有机农业原理和技术[M]. 北京:中国农业大学出版社, 2008.

[22] 王飞,李想,等. 秸秆综合利用技术手册[M]. 北京:中国农业出版社, 2015.

[23] 杨小科. 国外的有机农业[M]. 北京:中国社会出版社, 2000.

[24] 赵睿新. 环境污染化学[M]. 北京:化学工业出版社,2004.

[25] 向天勇,等. 秸秆能源化利用实用技术[M]. 北京:中国农业出版社, 2015.

[26] 宋志伟,武金果,等. 肥料配方师[M]. 北京:中国农业出版社, 2015.

[27] 朱建国,陈维春,王亚静. 农业废弃物资源化综合利用管理[M]. 北京:化学工业出版社, 2015.

[28] 孙富余,李学军,赵英明,等. 生态环境与害虫防控[M]. 沈阳:辽宁科学技术出版社, 2016.

[29] 吴文君,高希武,张帅,等. 生物农药科学使用指南[M]. 北京:化学工业出版社, 2017.

[30] 全国农业技术推广服务中心. 设施蔬菜生物秸秆反应堆技术[M]. 北京:中国农业科学技术出版社, 2016.

[31] 国家认证认可监督管理委员会,中国质量认证中心. 有机产业成熟度评价与实施指南[M]. 北京:中国标准出版社, 2000.

[32] 彭春瑞,等. 农业面源污染防控理论与技术[M]. 北京:中国农业出版社, 2012.

[33] 陈吉平,付强,等. 水环境中持久性有机污染物(POPs)监测技术[M]. 北京:化学工业出版社,

2014.

[34] 王丹侠. 合阳县以沼气为纽带的生态农业模式简介[J]. 中国沼气,1999,17(1):3-5.

[35] 付海燕. 河北平原潮土和地下水氮的来源及迁移转化机制[D]. 石家庄:河北科技大学,2016.

[36] 高翔,贾成刚,王安俊,等. 安阳市光伏能源开发与利用的气候资源论证[C]//中国气象学会. 第28届中国气象学会年会论文集. 北京:中国气象学会,2011.

[37] Chowdary V M , Rao N H , Sarma P B S . A coupled soil wa ter and nitrogen balance model for flooded rice fields in India[J]. Agricul ture,Ecosys tems & Environmen t, 2004, 103(3):425-441.